Franck Dolique

Articulations morphodynamiques

Franck Dolique

Articulations morphodynamiques

Exemples en milieux littoraux tempérés et tropicaux

Presses Académiques Francophones

Impressum / Mentions légales
Bibliografische Information der Deutschen Nationalbibliothek: Die Deutsche Nationalbibliothek verzeichnet diese Publikation in der Deutschen Nationalbibliografie; detaillierte bibliografische Daten sind im Internet über http://dnb.d-nb.de abrufbar.
Alle in diesem Buch genannten Marken und Produktnamen unterliegen warenzeichen-, marken- oder patentrechtlichem Schutz bzw. sind Warenzeichen oder eingetragene Warenzeichen der jeweiligen Inhaber. Die Wiedergabe von Marken, Produktnamen, Gebrauchsnamen, Handelsnamen, Warenbezeichnungen u.s.w. in diesem Werk berechtigt auch ohne besondere Kennzeichnung nicht zu der Annahme, dass solche Namen im Sinne der Warenzeichen- und Markenschutzgesetzgebung als frei zu betrachten wären und daher von jedermann benutzt werden dürften.

Information bibliographique publiée par la Deutsche Nationalbibliothek: La Deutsche Nationalbibliothek inscrit cette publication à la Deutsche Nationalbibliografie; des données bibliographiques détaillées sont disponibles sur internet à l'adresse http://dnb.d-nb.de.
Toutes marques et noms de produits mentionnés dans ce livre demeurent sous la protection des marques, des marques déposées et des brevets, et sont des marques ou des marques déposées de leurs détenteurs respectifs. L'utilisation des marques, noms de produits, noms communs, noms commerciaux, descriptions de produits, etc, même sans qu'ils soient mentionnés de façon particulière dans ce livre ne signifie en aucune façon que ces noms peuvent être utilisés sans restriction à l'égard de la législation pour la protection des marques et des marques déposées et pourraient donc être utilisés par quiconque.

Coverbild / Photo de couverture: www.ingimage.com

Verlag / Editeur:
Presses Académiques Francophones
ist ein Imprint der / est une marque déposée de
AV Akademikerverlag GmbH & Co. KG
Heinrich-Böcking-Str. 6-8, 66121 Saarbrücken, Deutschland / Allemagne
Email: info@presses-academiques.com

Herstellung: siehe letzte Seite /
Impression: voir la dernière page
ISBN: 978-3-8381-7651-2

Articulations morphodynamiques
Exemples en milieux littoraux tempérés et tropicaux

Franck DOLIQUE

Professeur des Universités

Université des Antilles et de la Guyane

Vous arrivez devant la Nature avec des théories,
la Nature flanque tout par terre.

Auguste Renoir

SOMMAIRE

AVERTISSEMENT

Ce livre est conçu comme une réflexion autour de la notion d'articulation morphodynamique. Il repose sur des exemples de recherches de terrain que j'ai pu mener sur des milieux littoraux variés, tempérés et intertropicaux.

Plusieurs exemples cités sont originaux et n'ont jamais fait l'objet de publications. D'autres exemples font référence à une publication ou un continuum de publications. Pour des raisons évidentes de concision, il ne sera fait état que succinctement des descriptions de localisation et de méthodologie. Le lecteur, qui souhaite obtenir plus de renseignements et de détails, pourra alors se référer aux publications correspondantes, référencées dans le texte, ou contacter l'auteur : franck.dolique@martinique.univ-ag.fr

Merci.

Un glossaire a été réalisé en fin de volume. Les termes écrits en *italiques* dans le texte (lors de leur première évocation) s'y réfèrent.

4

1-1 : DU QUALITATIF DESCRIPTIF AU QUANTITATIF NATURALISTE

La géographie des mers et des littoraux a connu en France trois phases de développement (PINOT, 2002) : la description (du XIXème siècle à 1950), l'explication (depuis 1950) et l'intervention (depuis les années 90). Nous sommes passés de l'inventaire des réalités observables à l'utilisation des données observées pour la gestion des espaces, dans une démarche de plus en plus intégrée. La discipline a eu recours à de nombreuses méthodologies de travail, de la cartographie descriptive à l'acquisition de données quantitatives. Peut-on affirmer que l'on soit passé d'un discours *idiographique* à un discours *nomothétique* ? Sans rentrer dans ce débat, il est établi que la discipline se veut de plus en plus spécialisée et de plus en plus technique.

Le souci d'orienter vers le domaine du quantitatif une géographie des littoraux longtemps considérée comme littéraire et descriptive, a poussé un certain nombre de chercheurs à se diriger progressivement vers la littérature anglo-saxonne (en particulier anglaise, américaine, australienne et néerlandaise en langue anglaise) dont les concepts et les méthodologies utilisées se connectent plus aux sciences dites « dures ». Certains considèrent ce rapprochement comme un abandon à la discipline, d'autres pensent qu'il s'agit plutôt d'une ouverture profitable, plus intégrée. L'auteur se situe dans la seconde catégorie et souhaite, par ce livre, convaincre les personnes qui se retrouvent dans la première.

Cependant, il ne faut pas perdre de vue que le quantitatif n'est pas forcément une panacée absolue des sciences. Il ne peut pas se substituer aux démarches déductives et naturalistes. L'étude quantitative des processus *sensu lato* soulève immanquablement des difficultés méthodologiques ou d'interprétation qui provoquent des discussions parfois enflammées dans les soutenances de travaux universitaires. Il faut se méfier des artefacts ou d'une trop grande confiance en l'instrument. Avoir cela à l'esprit permet de garder toujours une certaine distance par rapport à son travail et de conserver un esprit critique.

R. PASKOFF (1994) estime que l'arrivée de l'étude quantitative des processus littoraux remonte à la seconde guerre mondiale, où l'on a eu besoin de connaître le fonctionnement des ensembles sédimentaires littoraux afin de calibrer les ouvrages nécessaires au débarquement ou à la reconquête des îles du Pacifique. Finalement, peu importe la date, ce qu'il faut retenir c'est qu'à partir de ce moment, la recherche progressa considérablement et que depuis, *« la géomorphologie littorale a perdu son caractère déductif et académique pour devenir une discipline pratique tournée vers la compréhension des mécanismes en action sur les rivages »* (ZENKOVICH, 1967).

Certes, la géographie physique n'a pas attendu ces dernières années pour utiliser « le chiffre ». La géodésie, la morphométrie sont des sciences anciennes (DERRUAU, 1996), mais ces quantifications se sont mises au service du descriptif. L'intérêt de l'utilisation actuelle de l'instrumentation est de fournir de la donnée quantitative au service de l'explicatif, à l'échelle des processus.

6

La morphodynamique est une approche issue de ces nouveaux courants de pensée (WRIGHT & THOM, 1977). Elle peut être considérée comme une science de nouvelle génération, en filiation avec la Géographie physique. On peut parler de morphodynamique pour tout contact systémique eau-sédiment comme les milieux fluviaux par exemple mais c'est sur les milieux littoraux qu'elle est la plus utilisée. Le développement suivant s'efforce de définir cette notion

1-2: <u>LA MORPHODYNAMIQUE EN GÉOMORPHOLOGIE LITTORALE</u>

La morphodynamique (*morphodynamics* en anglais) est née de la volonté de comprendre, qualifier et quantifier les processus en jeu entre un élément physique, souvent sédimentaire, et un (ou plusieurs) agent(s) dynamique(s), responsable(s) de son évolution (WRIGHT & THOM, 1977). L'approche doit être reliée à la *systémique* qui peut être définie par une série d'objets liés par des échanges de flux qui engendrent des transformations réciproques et des réactions en retour (*feed-back*). Ces flux et rétroactions peuvent permettre, s'ils se compensent, de donner un équilibre d'ensemble au système (dépendance réciproque, on parle aussi de boucle de rétroaction négative). Par contre, si l'un d'entre eux est dominant, il peut conduire à la déstabilisation durable du système (soit par effet direct, soit, sur un temps plus long, par l'intermédiaire de boucles de rétroactions positives : fig. 1-1.)

La systémique permet souvent de définir ces échanges par des schémas parfois complexes (fig. 1-2) où les flèches symbolisent

7

les relations physiques. La morphodynamique va plus loin en caractérisant finement les processus induisant ces interactions, en mettant l'accent sur les effets rétroactifs.

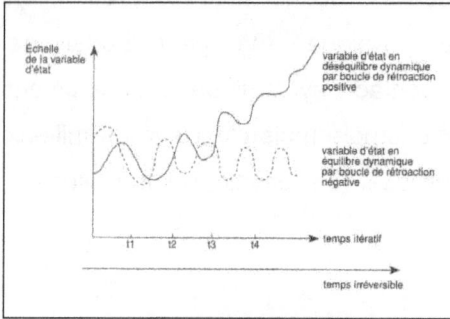

Figure 1-1 : Evolution d'une variable selon les boucles de rétroaction positives ou négatives (issu de GUIGO *et al.*, 1995).

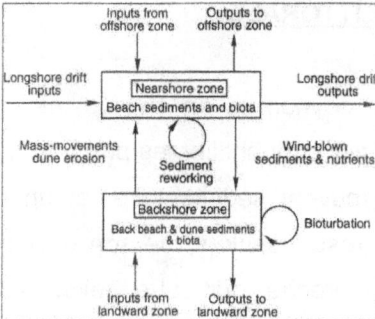

Figure 1-2 : Exemple de système : un système bio-géomorphologique côtier (issu de VILES & SPENCER, 1995).

En ce qui concerne les milieux littoraux et les plages, la morphodynamique insiste sur les ajustements mutuels entre la forme sédimentaire (en particulier sa topographie et sa distribution granulométrique) et la dynamique des fluides induisant un transport particulaire au sein du système plage. En contre partie, la modification de la topographie par les agents dynamiques peut induire des variations au sein des caractéristiques de ces agents (déviation des flux, modification des énergies...) : fig. 1-3.

COWELL et THOM (1994), définissent cette relation mutuelle ainsi : *les modifications des formes engendrées par les agents sont susceptibles d'engendrer des modifications sur les agents, qui peuvent engendrer en retour de nouvelles modifications sur les formes.*

La première conceptualisation de la notion de morphodynamique a été abordée par WRIGHT et THOM (1977) puis plus formellement définie par COWELL et THOM (1994). DE VRIEND (1991) la définit comme « *le comportement des fluides aux limites alluviales. Le transport sédimentaire exprime le mécanisme de couplage ou la série de processus entre fluides et substrat meuble par lequel ce réajustement a lieu* ».

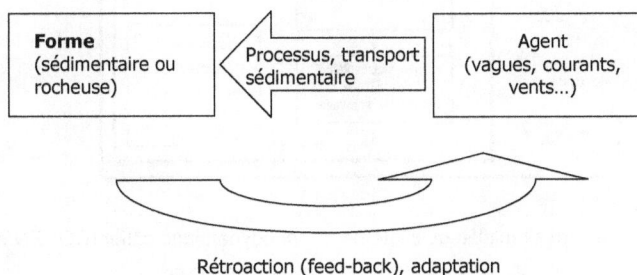

Figure 1-3 : principe du système morphodynamique

Certes, la démarche morphodynamique repose, comme nous l'avons précisé plus haut, sur une forte injection de données quantitatives acquises sur le terrain par l'approche instrumentale et expérimentale (CARTER & WOODROFFE, 1994 ; HORN, 1997). Cependant, la morphodynamique ne se limite pas à la seule démarche purement modélisatrice (dans le sens de la modélisation numérique à usage prospectif). Elle permet aussi l'élaboration de modèles semi-quantitatifs à qualitatifs, parfois de nature conceptuelle dans lesquels les géographes peuvent trouver leur place. Elle repose également sur des notions d'interactions scalaires spatio-temporelles, de conceptualisations systémiques, de caractérisations de milieux, de définition de typologies, de taxonomies ou de seuils. Autant de concepts déjà abordés par la Géographie (COHEN et al. 2002).

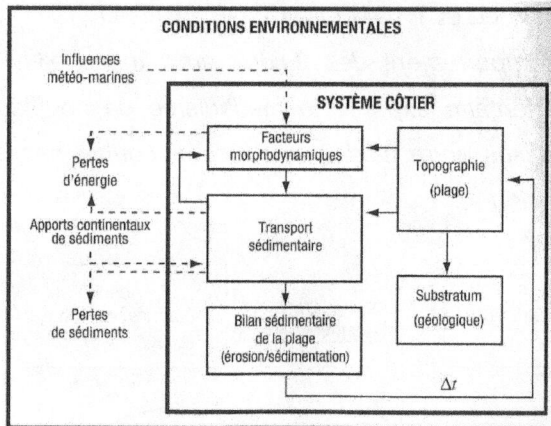

Figure 1-4 : structure simplifiée du système morphodynamique côtier (COHEN et al., 2002, d'après COWELL et THOM, 1994).

1-2-1 : l'approche multi-scalaire

A partir d'un système côtier aux processus forcément complexes, les inter-relations entre les différents acteurs du système ne peuvent se définir qu'à partir d'une approche prenant en compte les différentes échelles de temps et d'espace. Immanquablement, cela amène à cerner des niveaux de seuils (CHAPELL, 1983 ; COWELL et THOM, 1984 ; DE VRIEND et STEIJN, 1993). La perception des évolutions littorales nécessite une vision globale des échelles en jeu (de la mobilité du grain du sable à l'évolution d'une flèche de 100 kilomètres par exemple). Il existe un lien ténu entre forme, agent et temps à chaque niveau d'échelle.

10

L'évolution du grain sédimentaire est à relier à la puissance d'un courant, sur un pas de temps très court (la marée). L'évolution d'une flèche est à relier à l'ensemble des processus dynamiques modaux, sur un pas de temps long (de l'année aux dizaines d'années). Entre ces deux exemples, il existe différents stades de corrélation forme-agent-temps, dont les seuils peuvent être définis au cas par cas. Si la plupart des études morphodynamiques s'intéressent à des niveaux scalaires uniques (et souvent réduits spatialement et temporellement), la compréhension d'un système littoral doit passer par une nécessaire analyse inter-scalaire afin de disposer d'un recul nécessaire à l'analyse de son fonctionnement global. Traditionnellement, l'étude des processus côtiers est limitée aux échelles réduites et intermédiaires (THORNTON *et al.*, 2000).

La figure 1-5 permet d'appréhender différents niveaux d'échelles morphodynamiques pour un système plage.

Échelle spatiale (km)	Échelle temporelle (années)	Formes	Seuils de mise en mouvement	Rétroactions (adaptations de la plage)
10⁻³	0,001	Substrat meuble (grains de sable, galets)	Vagues et courants modaux	Apparition de rides, augmentant la rugosité du fond et dissipant de l'énergie
	0,1	Variations saisonnières du profil de la plage	Vagues de tempête	Constitution de barres dissipant l'énergie des vagues (déferlement)
	1	Système plage dans son entier (plage, flèche ou cordon de galets)	Processus modaux et succession d'événements apériodiques (tempêtes) à moyen terme	Changement global de forme (ex. : réorientation de la plage pour s'adapter aux évolutions des conditions météo-marines)
100	10 / 100 / 1 000	Plages et rivages sur grandes distances	Processus modaux, hausse du niveau marin et événements apériodiques (tempêtes, tsunamis, tremblements de terre) à long terme	Recul du rivage à long terme et à petite échelle spatiale.

Figure 1-5 : différentes échelles morphodynamiques et seuils pour un système plage (COHEN *et al.*, 2002).

1-2-2 : **La caractérisation morphodynamique**

Les années 1975-1995 ont été particulièrement marquées par une volonté de classer les plages en fonction de modèles conceptuels simples. La démarche comprenait deux niveaux d'échelle avec d'une part, des caractérisations instantanées de paramètres sédimentaires et hydrodynamiques à partir de critères quantitatifs et d'autre part, une démarche de classification d'états de plage à partir de ces critères quantitatifs.

Les paramètres de caractérisation reposent sur des formulations comportant différentes variables (hauteur de houle, taille du sédiment...) en interaction. Le résultat du calcul permet d'identifier un système plage en fonction de son mode de fonctionnement et de chercher à le classer selon des valeurs seuils. L'objectif est d'établir des bases de comparaison, de reconnaître des valeurs étalon reconnues internationalement. Les paramètres les plus connus sont les paramètres de barre et les indices de déferlement. Parmi les paramètres de barre, on peut trouver le paramètre d'échelonnement de barre ε (GUZA & INMAN, 1975) et la réplication de barre ξ (BATTJES, 1988). Pour le déferlement, on peut appliquer le coefficient de seuil (**Bo**), (GALVIN, 1968), la différence de phase (KEMP, 1961), ou encore le paramètre γ (Mc COWAN, 1984). On reparlera de ces différents paramètres au début de la partie 3 (Résultats).

Si la caractérisation morphodynamique représente un excellent outil descriptif et pédagogique, il convient de garder à l'esprit les limites et parfois le coté réducteur de cette méthode (BAUER & GREENWOOD, 1988 ; ANTHONY, 1991 ; 1998). Les variables prises en compte (houle, sédiment, pente…) ainsi que leurs interactions, sont complexes et les mécanismes de transferts mal connus, auxquels viennent se greffer des scénarios difficilement prévisibles à plus long terme (variations des apports sédimentaires, élévation du niveau marin…).

Ces paramètres morphodynamiques ont servi de base pour la réalisation de modèles de classifications de plages. Le plus connu d'entre eux est le modèle établi par WRIGHT et SHORT (1984) qui définit six états de plage dont quatre intermédiaires entre le domaine « réfléchissant » et le domaine « dissipant ». Les auteurs ont démontré une corrélation entre la pente de la plage et le paramètre Ω (DEAN, 1973), fondée sur la relation entre houle et sédiment. La limitation de ce modèle, pourtant amélioré par la suite (SUNAMURA, 1988 ; LIPPMAN & HOLMAN, 1990 ; SHORT & AAGARD, 1993) repose sur le fait qu'il ait été conçu pour des milieux microtidaux. MASSELINK et SHORT (1993) ont ensuite proposé un paramètre (RTR) prenant en compte l'influence du marnage dans le processus de déferlement. Cela a permis d'ouvrir la voie sur des études de variations des conditions de déferlement sur les estrans plats macro- à mégatidaux, en particulier les plages à barres et à bâches.

Cependant, la voie de la paramétrisation pour une modélisation semi-quantitative des systèmes plages s'est essoufflée devant la tendance trop réductrice de ce courant méthodologique alors que nous sommes confrontés, dans ce type de milieu, à des inter-relations très complexes. A l'inverse, le développement de l'instrumentation dans les années 90 a permis de concentrer les efforts de recherche sur la mesure de plus en plus précise des flux sédimentaires et hydrodynamiques et de leurs relations mutuelles.

1-2-3: **Le développement des méthodes instrumentales**

La multiplication des instruments scientifiques de mesures de terrain a fait progresser considérablement la recherche géomorphologique littorale sur la connaissance des processus. L'utilisation des instruments de topographie (tachéomètres, *GPS*, sondeurs, sonars...) permet d'identifier les variations fines du substrat (sub-centimétrique). L'utilisation de plus en plus courante de logiciels de représentation des données en trois dimensions, ainsi que l'intégration des résultats dans des logiciels de spatialisation (SIG) permettent la réalisation de modèles numériques de terrain (*MNT*) utiles pour observer et quantifier les variations de surface. Une nécessaire caractérisation sédimentaire, en particulier granulométrique, doit faire suite aux évaluations topographiques afin de déterminer des hypothèses évolutives liées au transport sédimentaire. Ces résultats doivent ensuite être confrontés à des mesures dynamiques, météorologiques et hydrodynamiques (vents, courants, champs de houles, niveau d'eau...). L'analyse de ces derniers paramètres ne doit pas être envisagée successivement mais plutôt selon des relations systémiques (impacts de la marée sur la hauteur de déferlement, relations de compétence entre flux de *swash* et courant de marée...), (figure 1-6).

14

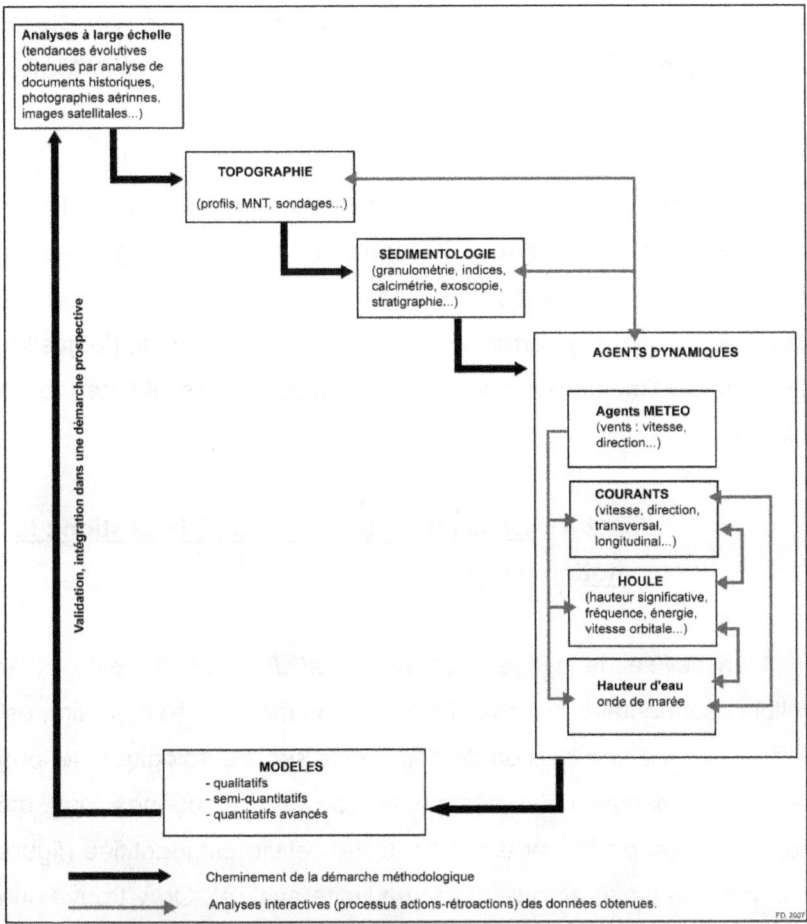

Figure 1-6 : cheminement de la démarche méthodologique en morphodynamique littorale.

L'analyse des résultats peut conduire à différents niveaux d'utilisation :

- étayer, affirmer ou infirmer, renforcer des hypothèses qualitatives de fonctionnement,
- élaborer des modèles de fonctionnement morphodynamiques simples, à partir d'indices semi-quantitatifs,

15

- alimenter des modèles conceptuels évolutifs complexes (comme Genesis, FES2004, WaveWatch3, SWAN/MARS, Telemac, Morpho…).

Devant l'incertitude qui entoure encore aujourd'hui les modèles d'évolution à moyen terme, et face aux urgences de gestion des problèmes d'évolution des plages, l'approche morphodynamique a permis de proposer un cadre simple de gestion des flux sédimentaires côtiers : le concept de cellule de dérive littorale.

1-2-4 : **De la morphodynamique à la gestion : la notion de cellule**

La cellule de dérive littorale (*littoral drift cell*) appelée aussi cellule sédimentaire, hydrosédimentaire ou morphosédimentaire, est définie comme une section de côte (unité sédimentologique) le long de laquelle circulent des sédiments, souvent homogènes mais qui peuvent aussi parfois être mixtes. Cette cellule est identifiée (figure 1-7) par une limite amont (a) et une limite aval (e). On y trouve une zone de départ des sédiments ou zone d'érosion (b), un couloir de circulation en équilibre dynamique (où le bilan sédimentaire est équilibré : (c)) et un secteur d'accumulation terminale, en accrétion (d). En fonction de la nature des sédiments du système, les limites de ces compartiments ne sont pas forcément les mêmes. Les limites des cellules peuvent être fixes, d'autres mobiles, perméables ou imperméables.

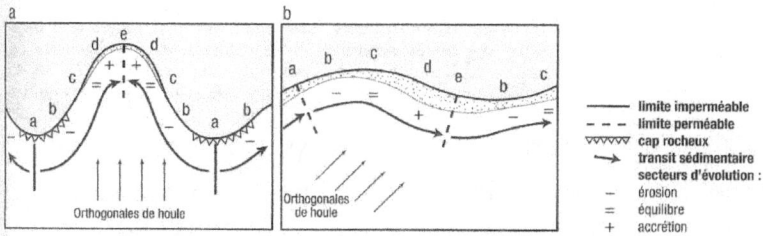

Figure 1-7 : deux types de cellules littorales : a : dans une baie ; b : en littoral ouvert. (Repris de COHEN *et al.*, 2002).

Ce concept de cellule, initié par INMAN & CHAMBERLAIN (1960), puis développé par MAY et TANNER (1973) a fait l'objet de divers remaniements (MAY, 1974 ; STAPPOR, 1974 ; TANNER, 1974) et d'adaptations (KOMAR, 1985 ; TANNER, 1987 ; CARTER, 1988 ; CARTER *et al.*, 1990 ; BRAY *et al.*, 1995).

La prise en compte de la notion de cellule sédimentaire pour la gestion des littoraux est aujourd'hui fondamentale. Les aménagements des littoraux se sont trop longtemps effectués au coup par coup, à une échelle souvent limitée aux sites menacés, bridés par des contraintes et limites administratives qui ne correspondent pas toujours aux limites naturelles (DOLIQUE, 1999a). La démarche adoptée repose sur une compréhension précise de la dynamique morphosédimentaire afin d'appréhender les transits littoraux dans une optique d'aménagement plus globale. Cette perception spatiale des littoraux est pratiquée depuis longtemps sur les côtes d'Angleterre dans une perspective de gestion des rivages (BRAY, 1995 ; BRAY *et al*, 1995 ; BRAY, 1997), ainsi qu'en Australie, aux USA ou au Canada (LAWRENCE & DAVIDSON-ARNOTT, 1997). En France, ce concept à mis un peu plus de temps à s'installer. DOLIQUE (1998) l'a appliqué au littoral

17

picard pour définir les entités de circulation des galets entre la baie de Seine et la Baie de Somme. SIPKA (1998) a défini les différentes cellules sableuses du littoral du Nord-Pas-de-Calais. ANTHONY *et al.* (2002) l'ont examiné dans le contexte des rivages à fort marnage. Depuis, le concept s'est largement étendu à la gestion des littoraux, en particulier dans la prise en compte des risques naturels (Ministère de l'Aménagement du territoire et de l'Environnement, 1999 ; EUROSION, 2004 ; REGNAULD, 2006…)

1-2-5: **Perspectives en morphodynamique**

Au-delà des champs d'études constitutifs de la morphodynamique exposés précédemment, les perspectives de développement de la discipline reposent essentiellement sur deux aspects :
- l'évolution des technologies de mesures sur le terrain, qui permettent d'avoir accès à des données de plus en fines et par conséquent à une meilleure compréhension des processus ; et
- sur les perspectives d'évolution des milieux littoraux et de leurs agents en fonction du changement climatique, dans une démarche prospective et anticipatoire.

Ce dernier point semble considérablement orienter les recherches morphodynamiques ces dernières années et ce mouvement s'amplifiera , par l'intermédiaire de programmes de recherche internationaux, dans les années à venir. La compréhension de l'évolution et de la réaction des formes littorales face aux conséquences du réchauffement climatique (augmentation en fréquence et en intensité des événements météo-marins paroxysmiques, remontée du niveau marin...) est fondamentale afin que l'homme puisse s'adapter aux mutations environnementales dans les meilleures conditions et en connaissance de cause. Cela passe inévitablement par une amélioration des modèles prédictifs et par la multiplication des mesures sur le terrain.

Ces modèles prospectifs sont encore actuellement insuffisants car ils sont calibrés pour opérer sur du moyen et long terme, multipliant les champs d'erreurs liés aux nombreuses variables à prendre en compte. Par compensation, les recherches s'orientent de plus en plus vers une modélisation à court terme (DINGLER, 2005). Dans ce cadre, les thématiques devant être développées sont :
- les processus de swash, interaction avec le sédiment et le transport sédimentaire,
- processus sur des échelles spatiales et temporelles réduites,
- interactions entre swash et courants tidaux,
- effets de la granulométrie sur le transport (THORNTON *et al.*, 2000).

Sur le plan sédimentaire, il existe encore trop d'ambiguïtés sur le transport sédimentaire et sur la mise en place des petites formes sédimentaires (rides, mégarides, croissants...). Les développements suivants se proposent de faire le point sur les principaux axes de développement et les perspectives de la morphodynamique.

En ce qui concerne les **processus morphodynamiques**, l'intérêt semble se porter actuellement - et pour les prochaines années - sur les effets du swash, sur l'évolution des milieux sédimentaires mixtes, sur le rôle que joue la marée sur les paramètres morphodynamiques et sur la caractérisation plus fine des budgets sédimentaires à différentes échelles.

La zone de swash concentre certaines études sur les processus de déferlement en qualité de moteur des mises en mouvements sédimentaires.

Le rôle des vagues d'infragravité, en terme d'apport énergétique sur la zone de déferlement, est souligné (MILES *et al.,* 2006 ; AAGAARD & HUGHES, 2006 ; ROZYNSKI, 2007). Le second critère de détermination d'un swash est la teneur de la pente de la plage et son influence sur le déferlement (MASSELINK & RUSSELL, 2006). Le développement des instruments de mesure acoustique de la tranche d'eau (ADCP) permet de s'intéresser aux phénomènes de turbulences sous la vague et aux mouvements verticaux (LONGO *et al.*, 2002 ; MILES *et al.,* 2006 ; AAGAARD & HUGHES, 2006). Ces mesures induisent la création de nouveaux paramètres de caractérisation plus ou moins empiriques et la modification ou l'affinage de paramètres existants. Dans ce cadre, on parle beaucoup actuellement de paramètres de vélocité (MASSELINK & RUSSELL, 2006). Cependant, la qualité des paramètres et leur réelle adaptation sur certaines configurations de plages restent très discutées (STOCKDON *et al.*, 2006). Un effort de recherche particulier est également porté sur la dissymétrie du swash (domination dynamique de l'une des composantes du swash : uprush ou backwash, sur l'autre composante : CONLEY & GRIFFIN, 2004 ; MILES *et al.* 2006 ; MASSELINK & PULEO, 2006 ; ELFRINK *et al.,* 2006). Cette dissymétrie est souvent liée, en dehors de la pente, aux phénomènes d'infiltration et d'exfiltration de l'eau dans le sédiment et à la structure de la nappe (BUTT et al., 2001 ; MASSELINK & RUSSELL, 2006). A cette échelle, on peut caractériser finement l'alternance des excavations et des dépôts du sable sous l'effondrement de la vague, ainsi que son décalage inertiel grâce aux développements d'instruments comme les OBS et les ALTUS (MASSELINK et PULEO, 2006). La dissymétrie identifiée au niveau du swash va induire un transport résiduel *cross-shore* qui est de plus en plus quantifié (MILES et al. 2006). Les études sur le transport de fond et le cisaillement eau-substrat sont également renforcées (KLEINHANS & GRASMEIJER, 2006). Le fonctionnement de la zone de swash est le résultat de déséquilibres entre les caractéristiques de la plage (pente, granulométrie des sédiments...) et la dissymétrie du swash. Des études de couplages à ces niveaux se font sentir (MASSELINK & PULEO, 2006). Dernièrement, WEIR et al. (2006) se sont intéressés au rôle du swash sur la formation de bermes et sur l'*overtopping*.

La chaîne de raisonnement morphodynamique repose actuellement sur : processus de swash => transport sédimentaire => changements morphologiques (MASSELINK & PULEO, 2006) et les études menées sur ces axes sont essentiellement britanniques, avec des collaborations, entre autres, néerlandaises et australiennes. Cependant, l'application de ces travaux commence à se faire sentir sur des sites d'études moins traditionnels comme la Chine par exemple (FENG et al. 2007), où l'utilisation du K parameter (le wave/tide index issu de MASSELINK & SHORT, 1993), a été appliquée et reliée avec la granulométrie sableuse.

Les milieux sédimentaires mixtes posent également un certain nombre de questions sur leur comportement dynamique dans un contexte d'interaction mutuelle ou d'influence. Ce présent livre est consacré à la question et certaines études récentes sont publiées : sur les milieux sable-galets (SAN ROMAN-BLANCO et al., 2006) ; en particulier les ajustements morphodynamiques (IVAMY & KENCH, 2006) ou encore l'influence estuarienne (BURNINGHAM & FRENCH, 2006). En dehors des interactions strictement sédimentaires, il existe également des interdépendances dynamiques entre sédiment et végétation (ARNAUD-FASSETTA et al., 2006). On peut également évoquer des contrôles géologiques, structuraux, sur la morphodynamique des plages (JACKSON et al., 2005).

Dans le cadre de la morphodynamique d'influence, il est un domaine où les recherches ont bien progressé ces dernières années, il s'agit de l'influence de l'onde marée sur les corps sédimentaires. L'influence tidale sur la distribution granulométrique des grèves graveleuses a été abordée (BUSCOMBE & MASSELINK, 2006). Mais c'est surtout le rôle de l'onde tidale sur l'évolution des estrans sableux, ainsi que la translation des zones de swash et de surf le long de la plage au cours du cycle tidal, qui ont fait l'objet d'un nombre conséquent de publications récentes, en particulier dans les milieux macrotidaux et mégatidaux (LEVOY et al., 1998. LEVOY et al., 2000 ; ANTHONY et al., 2004 ; MASSELINK et al., 2006). Dans ce type de milieu, beaucoup de travail reste à faire concernant le rôle du couplage houle-marée sur l'évolution des plages à barres et à bâches (SEDRATI, 2006, SEDRATI & ANTHONY, 2007).

Le domaine de la quantification des transports sédimentaires (budgets et bilans, caractérisations cellulaires, vitesses et volumes de transport...), déjà fort étudié ces trente dernières années (ROSATI, 2005), doit encore progresser. Il faut surtout approfondir le couplage entre les mesures et les modèles numériques récents

(ELIAS *et al.*, 2006 ; ELLIS & STONE, 2006), en particulier les modèles hydrodynamiques (NMLong-CW, SBEACH, BMAP, GENESIS, STWAVE, WMV…). Ces caractérisations vont continuer à bénéficier de la multiplication et du perfectionnement des instruments de mesure déployés sur les plages (KOSTASCHUK *et al.*, 2005 ; TONK & MASSELINK, 2005 ; ALLAN *et al.*, 2006 ; ANTHONY *et al.*, 2006 ; LEE *et al.*, 2007). Il faut porter une attention aux variations saisonnières et pluriannuelles des taux de transports et des budgets annoncés sur les plages et qui ne sont en rien des valeurs fixes, dans une optique multiscalaire (RUGGIERO *et al.*, 2005). Il faudra également multiplier les études de transports sédimentaires sur des milieux côtiers complexes aux interactions multiples et sur des échelles plus globales, à l'image du travail fourni au Brésil en 2005 (BITTENCOURT *et al.*, 2005).

Sur le plan **méthodologique**, l'évolution constante des techniques contribue à orienter de nouveaux axes de recherche. En effet, l'apparition de techniques récentes de télédétection aéroportée (LIDAR…) ou d'observation en continue (Caméras…) a généré de nombreuses publications ces cinq dernières années.
Le *LIDAR* (LIght Detection And Ranging) est une méthodologie qui permet d'obtenir des mesures altimétriques à partir d'une émission laser réalisée depuis un avion ou un hélicoptère. Le laser calcule la distance entre le vecteur aéroporté et le sol. L'émetteur laser est couplé à un GPS différentiel. Un semis de points est réalisé à partir duquel on peut éditer des modèles numériques de terrain géoréférencés où apparaît la structure altitudinale et morphométrique d'un site. Cette technique permet de caractériser des morphologies et surtout de quantifier des évolutions comme des glissements de terrain par exemple (GLENN *et al.*, 2006). Le LIDAR

est de plus en plus appliquée aux études évolutives de milieux très dynamiques comme les littoraux. La cinétique des plages est une première application (ZANGH *et al.*, 2005) mais on peut travailler sur des échelles spatiales plus réduites comme un chenal de marée (MASON *et al.*, 2006) ou une surface végétale estuarienne (ROSSO *et al.*, 2006). La méthodologie peut également être appliquée à la cartographie d'environnements sub-tidaux de faible profondeur, comme des milieux coralliens par exemple (BROCK *et al.*, 2006). Dans la partie « résultats » de ce livre, il sera présenté une utilisation de la méthodologie LIDAR appliquée à la morphométrie d'un espace vaseux intertidal en Guyane (DOLIQUE *et al.*, 2005, ANTHONY *et al.*, accepté).

L'utilisation d'appareils photographiques, de caméras ou de webcams, posés sur le terrain de manière fixe et permanente, est de plus en plus pratiquée pour suivre l'évolution d'un milieu littoral. Dans ce cadre, ARGUS (Coastal Imaging Laboratory, Oregon State University : http://cil-www.oce.orst.edu/ ; Delft hydraulics, Pays-Bas : http://www.wldelft.nl/cons/appl/argus/index.html ; CoastView Project, CEE : http://141.163.79.209/web/project.html) permet le suivi en réseau d'un certain nombre de plages sensibles dans le monde. D'autres méthodologies, plus légères, montées à partir de webcams, sont mises en place avec un succès croissant. L'utilisation cinétique des images obtenues, en particulier à la suite de redressements géométriques, permet de quantifier précisément des évolutions morphologiques, après l'utilisation d'algorithmes, comme le SDM (Shoreline Detection Model), (PLANT *et al.*, 2007). L'arrivée récente d'un grand nombre de publications en relation avec cette méthode s'est fait sentir. Le suivi de l'évolution d'une flèche sableuse est réalisé en Grande-Bretagne en couplant les images vidéo à des modèles évolutifs (SIEGLE *et al.*, 2007) ; des approches orientées objet par traitement et classification de signal vidéo pour l'identification de morphologies côtières peuvent également être abordées (QUARTEL *et al.*, 2006) ; plus concrètement, ces méthodologies peuvent être utilisées pour le suivi de rechargements de plage (ELKO *et al.*, 2005). Par ailleurs, un numéro spécial de la revue « Coastal Engineering » a été publié sur le sujet (*Coastal Engineering*, volume 54, issues 6-7, june-july 2007 : The coastView Project : developping coastal video monitoring systems in support of coastal zone management).

Enfin, le contexte actuel de **changement climatique global** oriente actuellement (et plus encore dans les décennies à venir) les recherches morphodynamiques vers l'anticipation des impacts de ces mutations environnementales (remontée du niveau marin, renforcement en fréquence et en intensité des événements météo-marins paroxysmaux...) sur les milieux côtiers, la compréhension des nouveaux fonctionnements dynamiques que les forçages exacerbés vont imposer et le degré de *résilience* des systèmes littoraux.

Un nombre de plus en plus significatif de publications est consacré aux évolutions locales des modifications du niveau marin ou des mécanismes climatiques régionaux (NIWA, 2001 ; JOSEPH *et al*, 2005 ; WOODWORTH, 2005 ; CHURCH *et al.*, 2006 ; KLEINEN, 2007 ; UNNIKRISHNAN & SHANKAR, 2007).

Une tendance très nette se dessine sur l'analyse des impacts des aléas sur les milieux côtiers (ROONEY & FLETCHER, 2005 ; WANG *et al.*, 2005 ; SCHEFFERS & SHEFFERS, 2006 ; ROBERTSON *et al.*, 2007 ; SEDRATI et ANTHONY, 2007 ; STOCKDON *et al.*, 2007 ; WILLIAMS *et al.*, 2007).

Dans ce contexte de mesure d'impacts des environnements littoraux face aux aléas météo-marins paroxysmiques, se pose la question de la capacité et de la vitesse de résilience des milieux, des écosystèmes ou des sociétés (HOLLINGS, 1973). Certaines études tentent localement de répondre à la question (ADGER et al., 2005 ; HOUSER & GREENWOOD, 2005 ;   LONG et al, 2006 ; BERKES, 2007 ; ELLIOTT et al., in press). Le tsunami qui s'est produit en Asie du sud-est le 26 décembre 2004 a provoqué de gros dégâts sur les environnements littoraux (BELWARD et al., 2007). Depuis 2005, de nombreuses publications nous renseignent sur l'impact et la capacité de résilience de certaines unités morphologiques et écosystémiques littoraux face à un aléa de forte magnitude (BROWN, 2005 ; CHATENOUX & PEDUZZI, 2007 ; PARIS et al., 2007 ; SRINIVASALU et al., 2007).

2 – PROBLÉMATIQUE – Le concept d'articulation morphodynamique.

Cette partie ambitionne de définir la notion d'articulation dans un système de fonctionnement morphodynamique. La notion est innovante et constitue le corps et l'originalité de ce travail.

Selon les dictionnaires classiquement utilisés en bibliothèque (Larousse, Robert, Trésor...), *une articulation se définit par l'ensemble des éléments de liaison qui assurent une jonction.* Le terme est plus souvent utilisé en médecine et en mécanique. Il peut l'être également en linguistique : *« liaisons, organisations entre les différents éléments d'un discours »* ou dans le langage militaire : *« La création de quinze nouvelles divisions améliorait l'articulation de nos forces»* : Maréchal JOFFRE : *mémoires*, tome 2, 1931, p 83. Même si certains considèrent l'articulation comme un élément dissociant (*séparation entre deux organes* : Dr BAILLON, 1876), le terme désigned'une manière générale les liens fonctionnels entre deux éléments. On peut donc le définir comme suit : ***relation entre deux ou plusieurs éléments de natures diverses.***
En Géographie physique, la notion reste floue, depuis un premier essai de définition de VIDAL DE LA BLACHE (1921) : *« profil de l'intersection de deux surfaces géologiques (articulation des continents) »*. Cette définition peut constituer une base de départ à la réflexion sur le concept, nécessairement plus complexe, de l'articulation morphodynamique.

En géomorphologie littorale, l'idée de morphodynamique peut déjà être envisagée comme une articulation en soi. Une articulation complexe et rétroactive entre une forme sédimentaire et un agent dynamique par exemple.

Le concept d'articulation morphodynamique va plus loin dans le sens où on peut ajouter un (ou plusieurs) élément(s) supplémentaire(s) à ce couple de base. Dans ce modèle de liaison triangulaire, l'articulation va alors faire référence aux relations mutuelles entre deux ensembles morphologiques ou deux corps sédimentaires, sous l'influence d'un même groupe d'agents dynamiques. Par exemple, la dynamique d'une plage sableuse est influencée par le régime de houle et l'amplitude tidale auxquels elle est soumise. En retour, la modification morphologique de cette plage (variations de la pente, transport sédimentaire...) va influencer le comportement des agents hydrodynamiques. Il s'agit des relations classiques d'un couple morphodynamique. Cependant, si la plage est composée de deux corps sédimentaires aux granulométries très différentes (cordon de galets et plage de sable), l'influence des agents hydrodynamiques va s'exercer de manière différenciée sur ces deux corps, provoquant la plupart du temps une ségrégation. Et ces deux corps sédimentaires peuvent interagir l'un sur l'autre en relations mutuelles. Au sein de cette relation triangulaire l' **articulation morphodynamique** peut définir les relations d'ajustements mutuels entre les deux corps sédimentaires, sous l'influence d'un agent (voir figure 2-1).

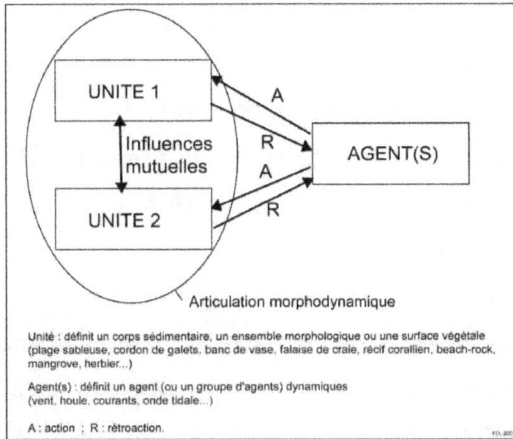

Unité : définit un corps sédimentaire, un ensemble morphologique ou une surface végétale (plage sableuse, cordon de galets, banc de vase, falaise de craie, récif corallien, beach-rock, mangrove, herbier...)

Agent(s) : définit un agent (ou un groupe d'agents) dynamiques (vent, houle, courants, onde tidale...)

A : action ; R : rétroaction.

Figure 2-1 : le concept d'articulation morphodynamique en influence mutuelle équilibrée.

Les « unités » composant une articulation morphodynamique sont définies comme des éléments identifiés du système littoral considéré. Pour un site particulier, il peut s'agir d'une plage sableuse, d'un cordon de galets ou d'un banc de vase par exemple. Il peut aussi s'agir d'ensembles morphologiques et/ou écosystémiques plus complexes comme un récif corallien, une mangrove...

L' « agent dynamique » peut être un agent simple (un flux d'alizé de nord-est) comme un groupe d'agents (combinaison houle-courant-marée).

L'articulation morphodynamique définira les connexions entre deux (ou plusieurs) unité(s) sous l'influence de(s) agent(s). Il s'agira de caractériser les influences mutuelles de fonctionnement et la domination-soumission éventuelle d'une unité sur une autre.

On pourra résumer le concept d'articulation morphodynamique par cette proposition de définition : *L'articulation morphodynamique définit les liens fonctionnels entre deux ou plusieurs unités morpho-sédimentaires régies par leurs agents dynamiques. Cette articulation induit des évolutions interactives entre ces unités, en influences mutuelles.*

Le présent ouvrage se propose de fournir un certain nombre d'exemples d'articulations morphodynamiques à travers différentes études de terrain menées sur des littoraux tempérés et tropicaux. L'approche est nécessairement pluridisciplinaire et intégrée. Dans un premier temps, il s'agira de montrer que la caractérisation morphodynamique entre un agent et une unité morpho-sédimentaire s'exerce de façon différente à partir du moment où entre en jeu une seconde unité (Partie résultats, 3-1, exemple de la flèche littorale des Bas-Champs de Cayeux). D'autres exemples d'articulations de couples d'unités morpho-sédimentaires seront ensuite présentés en 3-2 et 3-3. La question qui sera posée est : existe t'il des influences mutuelles équilibrées ou observons nous des couples « dominant-dominé » dont l'influence d'une unité s'exerce majoritairement sur l'autre ? Les parties 3-4 et 3-5 évoquent des cas particuliers de l'articulation morphodynamique : le rôle joué par une unité de nature végétale (*Spartina* en Baie de Somme, mangroves en milieu intertropical), proposant ainsi des situations d'articulations phyto-morphodynamiques. Enfin, en 3-6, nous aborderons le rôle du jeu des influences mutuelles entre ces systèmes articulés et l'homme, en particulier la réponse des éco-socio-systèmes face aux fonctionnements naturels et pseudo-naturels.

3 – RÉSULTATS

3-1 : LA CARACTÉRISATION MORPHODYNAMIQUE EN MILIEU MIXTE

Comme nous avons pu l'évoquer plus haut (1-2-2), la caractérisation morphodynamique repose sur un besoin de classification typologique des plages en fonction de critères morphologiques et hydrodynamiques. Cette démarche passe par la mise en place d'indices semi-quantitatifs reposant sur des critères observables sur le terrain. Les résultats obtenus doivent servir à étalonner un système plage au sein de catégories reconnues sur le plan international (WRIGHT & SHORT, 1984). Ce travail de caractérisation a été appliqué sur un système plage comportant une forte dichotomie morphologique et sédimentaire, afin d'identifier les variations de déferlement des vagues imposées par cette structure de plage (DOLIQUE, 1999b).

Le terrain choisi est la flèche à pointe libre de Cayeux, en Picardie (fig. 3-1). Il s'agit d'un cordon de galets, reposant sur une plate-forme sableuse. L'amplitude de la marée (mégatidale, 10 à 11 mètres), induit une *translation tidale* des déferlements, longue et progressive, depuis la plate-forme à marée basse, jusqu'au cordon de galets à marée haute. Au cours de cette translation, les caractéristiques du déferlement vont se modifier de façon très significative, en particulier lorsque la marée aura atteint le cordon.

31

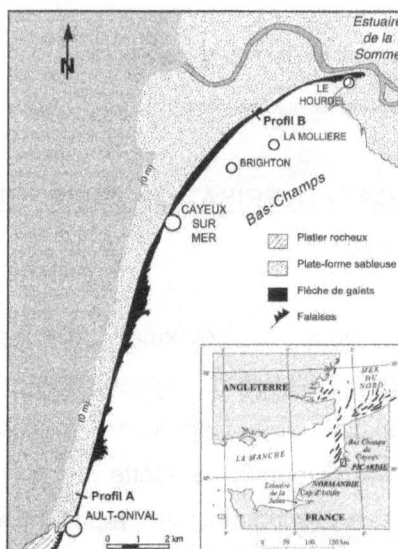

Figure 3-1 : le cordon de galets des Bas-Champs de la Somme (DOLIQUE, 1999)

La section transversale du cordon (fig. 3-2) montre une dissymétrie, avec un versant coté mer au profil raide (14 à 16 % soit 6 à 7°). Le cordon est composé de galets de silex issus de l'érosion des falaises turoniennes et sénoniennes de Normandie et de Picardie. Pris en charge par la dérive littorale dominante, ces silex roulés se sont déposés depuis – 5 500 ans BP à proximité de la Baie de Somme sous la forme d'une flèche à pointe libre, longue de 16 km et qui se détache de la falaise à partir de Ault-Onival. La granulométrie moyenne des galets est de 20 à 40 mm, avec une forte variabilité dans la distribution granulométrique transversale, liée au tri exercé par les houles au cours de la translation tidale sur le cordon (DOLIQUE, 1998). La surface sableuse sur laquelle repose le cordon est une plate-forme tidale estuarienne, large estran de 5 km au droit de Cayeux, dont la pente est douce (1 à 2 %, environ 5°). La relative platitude de ce prisme sableux estuarien est parfois rompue par des formes mineures comme des méga-rides ou des chenaux (DOLIQUE & ANTHONY, 1999).

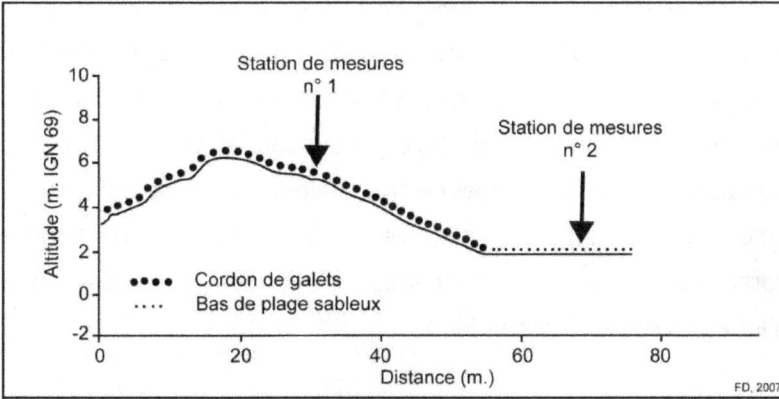

Figure 3-2 : profil topographique au droit de « La Mollière », cordon des Bas-Champs de Cayeux, et localisation des stations de mesures hydrodynamiques.

L'approche morphodynamique peut envisager de caractériser le comportement physique d'une plage en fonction du degré de réflexion ou de dissipation de l'énergie de la houle, en particulier en prenant en compte la différence de phase (rapport entre la durée du jet de rive (Ts) et la période de la houle (T) : KEMP, 1961 ; KEMP & PLINSTON, 1968).

Les classifications se sont ensuite affinées afin d'aboutir à un modèle conceptuel en trois domaines, définis comme réfléchissant, intermédiaire et dissipant (SAZAKI, 1980 ; SHORT & HESP, 1982 ; WRIGHT & SHORT, 1983, 1984 ; CARTER, 1988 ; VILES & SPENCER, 1995). Même si certains critères constituant les définitions de ces états de plage sont aujourd'hui très discutés, en particulier en milieux méso- à mégatidal, la typologie fondamentale de la relation pente-déferlement reste incontournable et mérite d'être résumée.

Les plages **dissipantes** sont caractérisées par une pente proche ou inférieure à 1°. Les morphologies de barres et de bâches y sont fréquentes avec de nombreux échanges sédimentaires transversaux. Le régime hydrodynamique est défini par des vagues dont le déferlement est de type déversant (*spilling breaker*), avec des périodes longues de jet de rive et selon un angle d'attaque à la côte pratiquement nul (« normale » = 0°). Le régime de houle est caractérisé par des cascades d'énergie vers des ondes d'*infragravité* (> 15 secondes.)

Les plages **réfléchissantes** présentent une pente de plage en général supérieure à 3°, avec un profil raide ou concave. Les déferlements s'effectuent en volutes (*plunging breaker*) ou en effondrement (*collapsing breaker*). L'angle d'approche des vagues est oblique du fait d'une faible réfraction sur le fond. Le régime énergétique est dominé par des fréquences incidentes avec excitation de fréquences *harmoniques* et *sub-harmoniques* liées au processus de réflexion sur la plage et au jeu d'interférence des ondes de retour avec les vagues incidentes. Le transport sédimentaire est mixte (cross-shore et longshore), avec une composante longitudinale plus significative que pour les plages dissipantes.

Pour identifier la transition énergétique entre une plate forme sableuse dissipante et un cordon de galets réfléchissant, nous avons appliqué 5 indices semi-quantitatifs régulièrement utilisés dans la littérature. Ils sont résumés dans le tableau suivant :

Paramètre	formule	seuils	
		Réfléchissant	**Dissipant**
Surf scaling parameter *Paramètre d'échelonnement de barre (ε)*	$\varepsilon= (ab)\omega^2/(g.\tan^2\beta)$	< 2,5	>30
Surf similarity *Paramètre de réplication de barre (ξ)*	$\xi= \tan\beta/(Hb/Lo)^{0,5}$	>1	< 0,23
Phase difference *Paramètre de différence de phase*	Ts/T	<0,5	>1
Breaker coefficient *Coefficient de seuil de déferlement*	$Bo= Hb/gT^2\tan\beta$	< 0,1 : déferlement plongeant	> 0,1 : déferlement déversant
Gamma parameter *Paramètre γ*	$\gamma= Hb/db$	> 0,65 : déferlement plongeant	< 0,65 : déferlement déversant

Tableau 3-1 : Paramètres morphodynamiques utilisés sur le cordon des Bas-Champs de Cayeux (Somme).

Avec les variables suivantes :

Hb : hauteur de la houle au déferlement (en m)

ab : amplitude du jet de rive (en m)

db : hauteur d'eau au point de déferlement (en m)

T : période de la houle (en s)

Ts : période du jet de rive (en s)

g : accélération de la pesanteur (9,81 m.s^{-1})

β : pente de la plage (en degrés)

L : longueur d'onde de la houle à la côte (en m)

Lo : longueur d'onde de la houle au large (en m).

La figure ci-dessous résume les résultats obtenus sur le terrain :

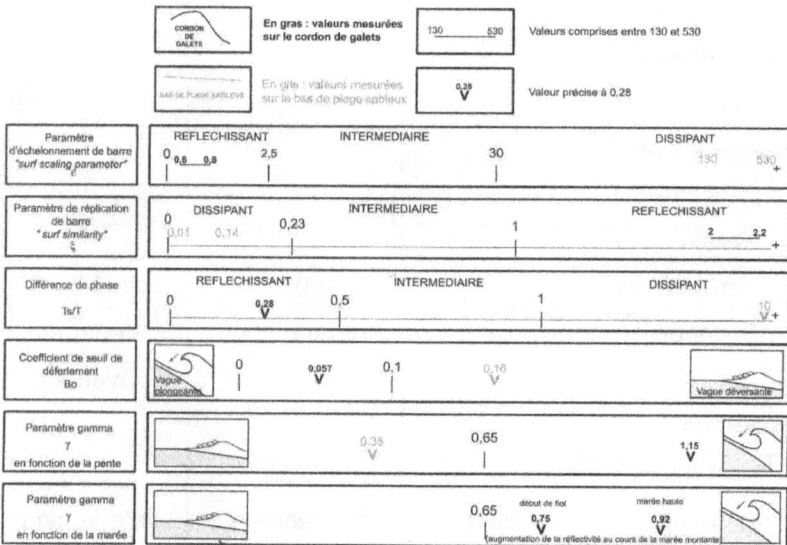

Figure 3-3 : Résumé des valeurs comparatives issues de l'utilisation des paramètres morphodynamiques (DOLIQUE, 1999).

Ces six paramètres mettent en évidence la nette dichotomie de ce système plage. Cette opposition se manifeste par la transition marquée des caractéristiques des vagues dans les conditions de déferlement. Au cours du flot par exemple, on observera la transition entre une houle au déferlement déversant sur la surface sableuse et une houle de plus en plus oblique au déferlement plongeant sur le cordon de galets. Ce sera l'inverse au cours du jusant. La différence de hauteur d'eau, l'énergie au déferlement, la dissymétrie du swash, le frottement des cellules de vague sur le fond et la présence ou non de réfraction sont autant de paramètres qui vont varier au cours du cycle tidal, le long du profil. Sur le plan sédimentaire, cette différence de régime énergétique va induire des comportements distincts de transport sur les deux unités de la plage.

Sur le cordon de galets, le flux sédimentaire dominant est un transfert longshore imposé par des vagues énergétiques sur une granulométrie grossière, à partir d'un champ de houle oblique. Sur la base sableuse, les vagues déversantes, relativement parallèles à la côte vont commander un transport cros-shore avec une composante longshore non négligeable orientée par les courants de marée d'influence estuarienne.

Bien qu'il faille absolument garder à l'esprit le caractère fortement réducteur de ces paramètres qui ne prennent en compte qu'une partie des variables en jeu, dont les interactions sont complexes et encore mal connues (ANTHONY, 1991, 1998), l'intérêt de la caractérisation paramétrique morphodynamique reste fort. Elle permet de pouvoir sortir d'un cadre trop strictement descriptif afin de tendre vers des typologies quantitatives ou semi-quantitatives internationalement reconnues, pour une caractérisation plus objective. Il s'agit donc d'une démarche démonstrative et pédagogique.

Dans le cadre de ce premier exemple de caractérisation morphodynamique, nous avons pu démontrer que deux unités morpho-sédimentaires distinctes, et ici superposées, pouvaient

37

générer une différence fondamentale sur la distribution énergétique des agents hydrodynamiques dont l'effet est d'induire des évolutions sédimentaires propres et caractéristiques pour chacune des unités en jeu.

3-2 ARTICULATIONS DE COUPLES MORPHODYNAMIQUES SOUS INFLUENCES

Cette partie décrit des exemples d'articulations dont l'évolution d'une unité morpho-sédimentaire dépend fortement des évolutions d'une autre unité. Dans ce cas, on peut parler d'influence d'une dynamique sur une autre. Dans ce cadre, deux types d'articulations ont été identifiés : les articulations dont la composante dynamique est longitudinale par rapport à la côte (exemples choisis en Picardie, Guyane et Tahiti) et les articulations dont la composante est transversale (un seul exemple en Polynésie).

3-2-1 Articulations longitudinales

3-2-1-1 *L'articulation sable-galets sous influence estuarienne : l'exemple de La Mollière (Somme)*

La flèche de galets des Bas-Champs de Cayeux constitue la partie terminale d'une unité sédimentaire située entre le cap d'Antifer en Haute-Normandie et la Baie de Somme en Picardie (voir figure 3-1). Les falaises crayeuses normano-picardes constituent la source de galets de silex qui circulent du sud-ouest vers le nord-est sous l'impulsion d'une houle modale de nord-ouest. Ancrée à son extrémité proximale au niveau d'Ault-Onival, cette flèche mesure 16 kilomètres de long, large par endroits de 100 à 600 mètres et d'une altitude moyenne de + 8 m IGN. Elle sépare la Manche de la plaine maritime basse des « Bas-Champs » située à 2 ou 3 mètres en dessous du niveau des plus hautes mers. Le contexte de marée est mégatidal avec un marnage de 10 m (vive-eau moyen), (DOLIQUE, 1998 ; DOLIQUE & ANTHONY, 1998, 1999).

Cette flèche graveleuse des Bas-Champs de Cayeux repose sur un prisme sableux tidal. Ce prisme, qui constitue l'estran de la section externe de l'estuaire de la Somme, large de plus de 7 kilomètres au droit de l'embouchure, peut être considéré comme un delta tidal témoin du piégeage estuarien des sables sub-tidaux en circulation dans La Manche (GROCHOWSKI et al., 1993 ; ANTHONY & DOLIQUE, 2001).

Longtemps, le littoral des Bas-champs de Cayeux fut considéré comme un système de circulation sédimentaire unifié, fonctionnant en « flèche à pointe libre », avec un secteur en érosion (Ault-Onival – Amer sud de Cayeux), un secteur stable considéré comme le « pivot » du système (le *fulcrum*) situé au niveau de Cayeux, et un secteur en accumulation de galets (de Brighton au Hourdel), (de LAMBLARDIE, 1795 ; HERAUD, 1880 ; REGRAIN, 1970, 1971, LEFEVRE et al., 1983). Ce fut vrai jusque dans les années 1920-1930 où des auteurs comme BRIQUET (1930) ou DALLERY (1955) ont remarqué l'édification progressive d'un bourrelet de galets au niveau de Brighton, agissant comme un secteur d'accumulation secondaire (figure 3-4).

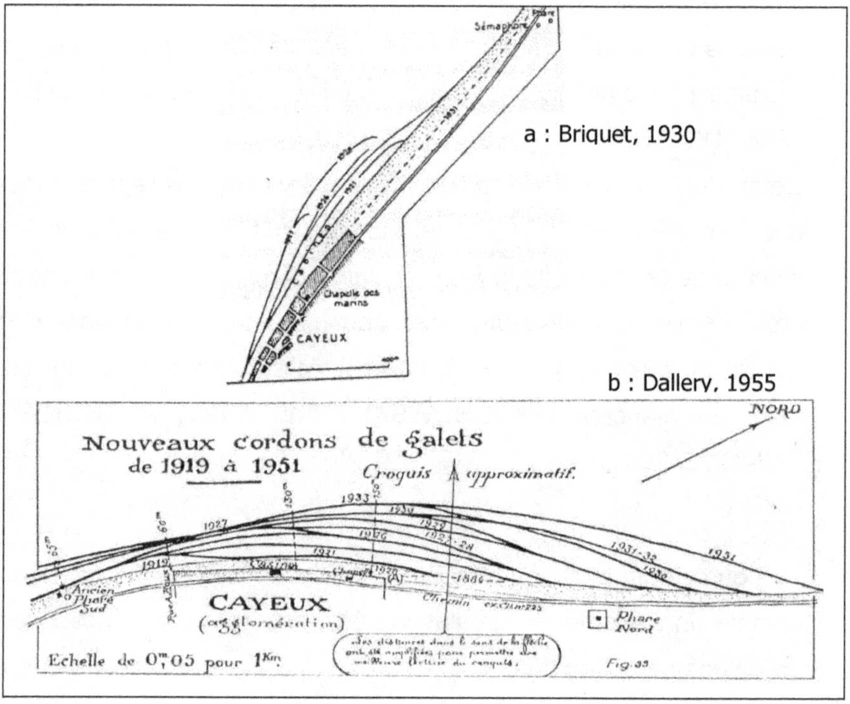

Figure 3-4 : Cartographies des accumulations secondaires de galets au nord de Cayeux (issues de BRIQUET, 1930 ; DALLERY, 1955).

Une étude attentive des données cartographiques, photographiques et des investigations de terrain a permis de remettre en cause ce fonctionnement (DOLIQUE, 1998). On peut aujourd'hui identifier cinq secteurs morphologiques longitudinaux (figure 3-5), (DOLIQUE & ANTHONY, 1998 ; DOLIQUE & ANTHONY, 1999). Le secteur 1 est en érosion significative depuis le XIXème siècle, du fait des prélèvements drastiques de galets sur le site et sur le littoral haut-normand, ainsi que par le blocage de la

40

circulation sédimentaire par l'édification de jetées portuaires. Comme nous l'avons vu plus haut, ce secteur est aujourd'hui artificiellement maintenu en place par des épis et des rechargements en galets. Le fulcrum (secteur 2, d'ordinaire dynamiquement stable), situé au niveau de Cayeux, s'amenuise de plus en plus ; l'érosion tend maintenant à se déplacer face à la ville, conséquence attendue de la mise en place de la batterie d'épis. Au nord de Cayeux, au niveau de Brighton et La Mollière, on peut remarquer une importante accumulation de galets sous la forme de cordons successifs (secteur 3). Au niveau du blockhaus du Hourdel (secteur 4), on note une plage dépourvue de cordon de galets nettement constitué et où l'érosion du massif dunaire est préoccupante, menaçant la route blanche. Au-delà du blockhaus, on retrouve un cordon de galets dont la circulation se termine à la pointe du Hourdel (secteur 5).

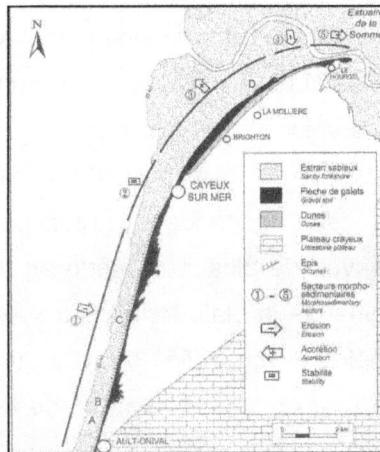

Figure 3-5 : secteurs morphosédimentaires et dynamique associée (DOLIQUE & ANTHONY, 1999)

Cette division de la flèche des Bas-Champs en deux cellules sédimentaires distinctes (cellule 1 = secteurs de 1 à 3 ; cellule 2 = secteurs 4 et 5), est à relier à l'influence estuarienne imprimée sur l'environnement sableux de la flèche. Coupée des stocks de galets en provenance de la zone d'alimentation en amont-dérive (falaises normano-picardes), la flèche a subi une réorganisation morphodynamique interne majeure de son propre stock de galets. L'accumulation des galets en cordons successifs vers le large (à partir de Brighton) est à relier à l'évolution de la surface sableuse sur laquelle ils reposent. La progradation des galets est consécutive à une chute brutale de la compétence de transport des galets par les conditions hydrodynamiques. Briquet identifie les premières accumulations de cordons dans ce secteur à 1921 (fig. 3-4 a). En 1928, on pouvait compter déjà six cordons. En 1951, il y avait douze générations consécutives de cordons (fig. 3-4 b).

La dissymétrie des flux de marée entrants et sortants de l'estuaire de la Somme provoque un phénomène d'aspiration des sables vers la baie interne (DOLIQUE, 1999c). La conséquence est une agradation de la surface d'estran à proximité de l'embouchure. La comparaison de levés de terrain de 1965 avec ceux réalisés en 1998 confirment cette tendance où l'altitude de la plate-forme sableuse s'est élevée de plus d'un mètre au droit de Brighton. Le différentiel altitudinal de la plate-forme entre Ault et La Mollière est même de trois mètres environ (fig. 3-6). Ce qui signifie que plus on se rapproche de l'estuaire, plus l'altitude de la base sableuse est élevée.

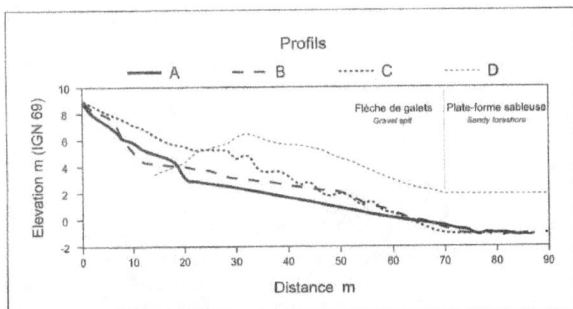

Figure 3-6 : profils topographiques réalisés sur la flèche de galets de Cayeux. La localisation des profils est indiquée sur la figure 3-5. (DOLIQUE & ANTHONY, 1999).

L'arrivée massive de sable dans ce secteur a contribué à repousser progressivement la passe sud de la Somme (DOLIQUE, 1997). Par ailleurs, la réduction du volume hydraulique entrant et sortant de la baie, liée à l'ensablement de celle-ci, a réduit le débit de la passe et par conséquent annihile ses divagations qui jouaient un rôle de chasse fondamental pour maintenir un niveau d'altitude stable (fig. 3-7).

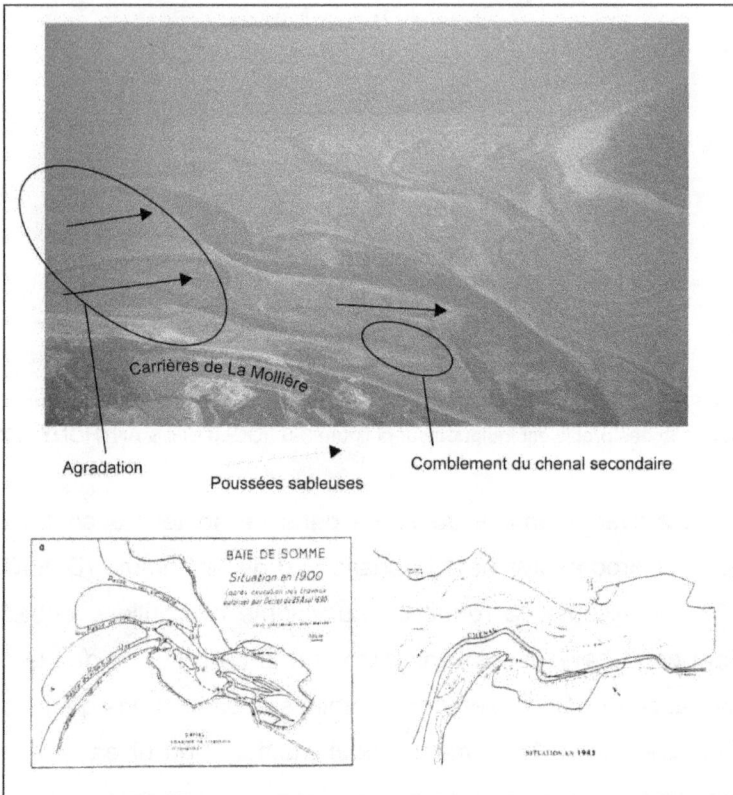

Figure 3-7 : Déplacement du chenal sud de la Somme par des poussées sableuses et agradation de l'estran (documents cartographiques issus des archives départementales de la Somme et DDE 80)

En dehors de l'élévation de la surface sableuse, la première conséquence de la migration de ce chenal fut l'augmentation considérable des apports de sable vers les dunes, en provenance de l'estran. En effet, cette large accumulation sableuse (3 à 4 km) offre les conditions idéales d'une surface de déflation où le vent va pouvoir assécher et transporter le sable vers la « route blanche ». Le chenal n'étant plus présent pour piéger les sables en transit. La conséquence la plus visible est la formation d'une importante dune devant l'emplacement de l'ancien casino. Les cartes postales de la figure 3-8 montrent l'évolution historique du haut de plage face à ce bâtiment détruit après la seconde guerre mondiale (DOLIQUE, 1998b). Construit au XIXème siècle, ce casino fut ensuite aménagé en colonie scolaire puis en hôtel dans les années 1930. Le premier cliché (3-8a) a été pris entre 1900 et 1905 ; il montre le casino au bord de la route reliant Cayeux au port du Hourdel ; il est séparé de la mer par une surface plane et assez meuble où se lisent les traces de la charrette. La dune n'existait pas. La deuxième image (3-8b) est du début des années 1930 : on y voit un ensemble dunaire déjà bien développé et végétalisé, ce qui suppose des apports sableux importants en provenance de l'estran. Ces apports se faisaient souvent à la faveur de phases tempétueuses ou venteuses ponctuelles (HUGO, 1892), comme le montre l'image 3-8c où on peut voir le rez-de-chaussée du casino enseveli par le sable. Ces événements se produisant de plus en plus souvent, il n'était pas rare que les habitations particulières s'équipent d'une porte supplémentaire à l'arrière de leur maison. La quatrième image (3-8d), postée en 1946, montre que le massif dunaire s'est tellement élevé (18 mètres selon les plans cadastraux de l'époque) que depuis la plage, on n'aperçoit plus que le toit du casino.

Figure 3-8 : Evolutions sableuses devant le casino de Brighton (collection personnelle de l'auteur).

Les accumulations de galets en cordons successifs sont à relier à l'agradation de la surface sableuse. Il existe donc dans ce secteur des Bas-champs une articulation morphodynamique provoquant une dépendance dynamique d'un ensemble morphologique (cordons de galets) vis-à-vis d'un autre ensemble (la plate-forme sableuse). Dans ce cadre, l'élévation altitudinale de ce prisme sableux joue un rôle fondamental dans le temps de prise en charge du cordon par la marée.

En effet, sur la partie proximale de la flèche (entre Ault-Onival et Cayeux), la marée atteint la base du cordon de galets à mi-marée montante. A cet endroit, la surface sableuse se situe à une altitude de 4,5 m CM. Le cordon est donc sous l'action de la houle durant six heures jusqu'à la mi-marée descendante (et ceci deux fois par cycle de 24 heures, soit une action hydrodynamique sur le cordon 12 heures par jour). Par le jeu de l'obliquité des houles d'ouest et nord-ouest et par la dérive littorale, les galets sont transportés vers la partie distale de la flèche durant ces 12 heures. Dans cette situation,

46

le transport potentiel a été calculé à 35 000 m³/an (BEAUCHESNE & COURTOIS, 1967 ; QUEFFEULOU, 1992). A l'approche de Brighton, le prisme sableux est à une altitude de 6 m CM. L'onde de marée va donc mettre plus de temps à atteindre le cordon qui ne sera touché par la houle que 4 heures par marée soit 8 heures par jour. Le transit potentiel n'est plus que de 20 000 m³/an environ. Au niveau de La Mollière, la base sableuse est située à une altitude de 7 m CM. La marée ne prend en charge le cordon que pendant 3 heures par cycle tidal, soit 6 heures par jour. Le transit chute à 17 000 m³/an environ. Ce gradient négatif de l'énergie explique l'accumulation progressive des galets au droit de la Mollière (fig. 3-9).

La formule suivante insiste sur l'influence tidale dans le transport des galets et a permis de calculer les volumes estimés présentés ci-dessus (DOLIQUE, 2002) :

$$Qs = K.g.C.\theta.H^2.T.f(\alpha)$$

Avec :

Qs : volume sédimentaire de galets en transit (valeur potentielle)

H : amplitude de la houle (en réalité : H/2)

T : période moyenne de la houle

K : coefficient de proportionnalité, calculé pour les Bas-Champs (K = 1.10^{-4})

g : accélération de la pesanteur (9,81 m.s^{-2})

θ : durée pendant laquelle le cordon est atteint par la marée

f(α) : fonction d'obliquité de la houle : f(α) = 7α/4

C : coefficient destiné à tenir compte de la largeur de l'estran de galets effectivement atteint par la marée :

C = $(h_m-h_o)/(h_v-h_o)$ où h_m = cote altitudinale de pleine mer le jour considéré ; h_v = cote de pleine mer des vive-eaux moyennes ; h_o = cote du pied de cordon.

En aval dérive, entre La Mollière et Le Hourdel, le cordon n'est plus régulièrement alimenté par des galets puisque l'accumulation successive des cordons s'effectue vers le large. Il en résulte une érosion significative du cordon qui s'amenuise et menace dangereusement la route blanche, au droit des carrières localisées en arrière de la route. D'ailleurs, l'ancien parking, situé au même endroit, a été condamné et comblé de sable par la Direction Départementale de l'Equipement afin d'empêcher les visiteurs et touristes de franchir le cordon en cet endroit si sensible et ainsi d'éviter de le dégrader d'avantage.

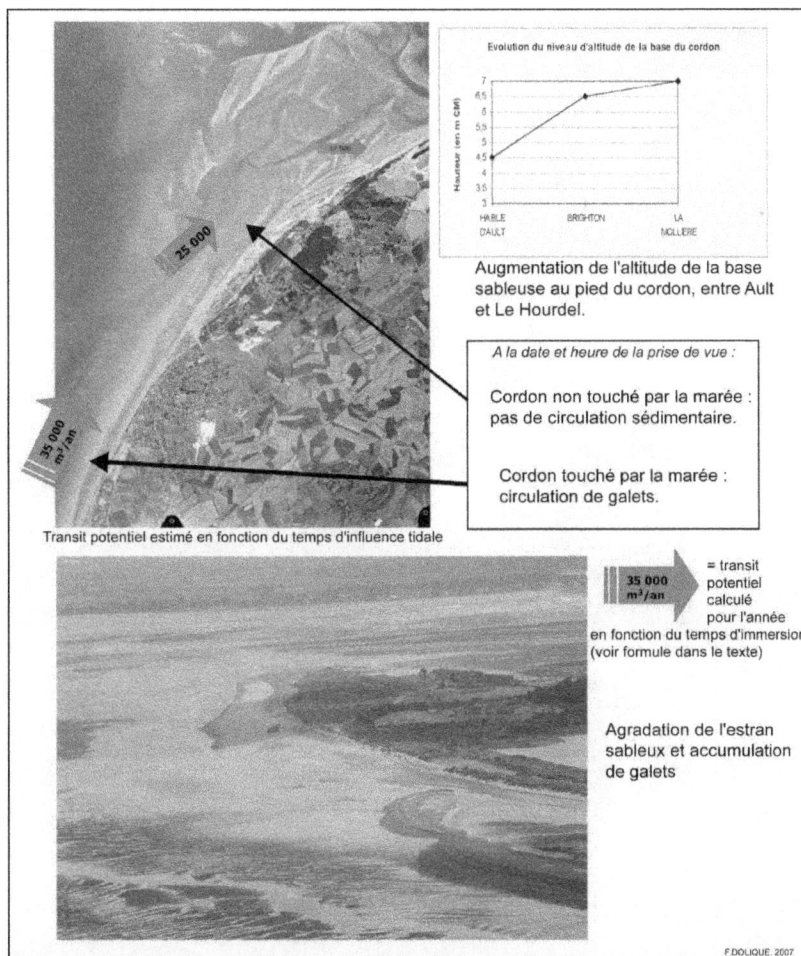

Figure 3-9 : influence morphodynamique de la surface sableuse sur le transit des galets.

Les volumes de circulation de galets, calculés à partir de la formulation de ZHDANOW (*in* MIGNIOT, 1981) ont pu être affinés dans le cadre du programme BAR (Beach at Risk) en 2004, à partir d'une campagne de traçage de galets électroniques (collaboration, Université de Sussex). Les résultats obtenus (fig. 3-9 bis) confirment les modes de répartition des galets dans le profil et les valeurs de transits, données déjà observées dans le cadre des traçages à la peinture réalisés dans le cadre de la thèse de DOLIQUE (1998).

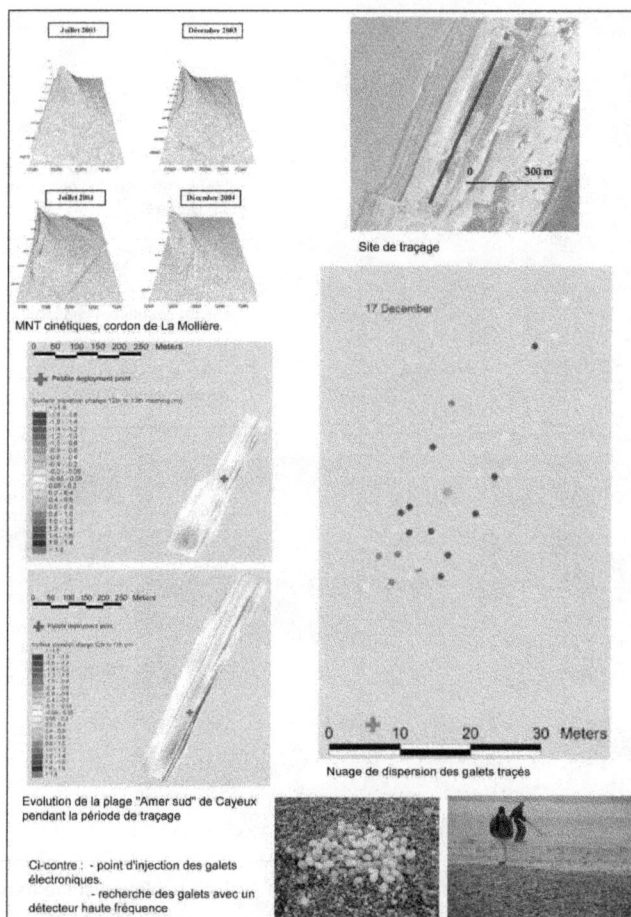

Figure 3-9bis : Campagne de traçage de galets en situation de forte énergie (adapté de BASTIDE *et al.*, 2005)

On a pu constater que le littoral des Bas-Champs de Cayeux ne fonctionnait plus comme une simple flèche littorale de transit sédimentaire. La proximité de la Baie de Somme engendre un certain nombre de perturbations morphodynamiques affectant la section distale du cordon. L'ensablement naturel, renforcé par quelques aménagements passés malheureux, est responsable de la baisse du volume hydraulique oscillant dans l'estuaire. Les passes de jusant, qui divaguaient autrefois et contribuaient au balayage des sables devant la flèche entre Cayeux et Le Hourdel, ne peuvent plus assurer ce rôle. Le sable s'accumule, provoquant alors une élévation altitudinale de l'estran sableux qui va commander l'action de la marée sur le cordon. C'est ce temps d'action tidal (et par conséquent de la houle) sur le cordon qui explique le différentiel de transport des galets et leur accumulation à la Mollière (figure 3-10). Cette situation a progressivement conduit à scinder la flèche en deux ensembles morphologiques et dynamiques distincts.

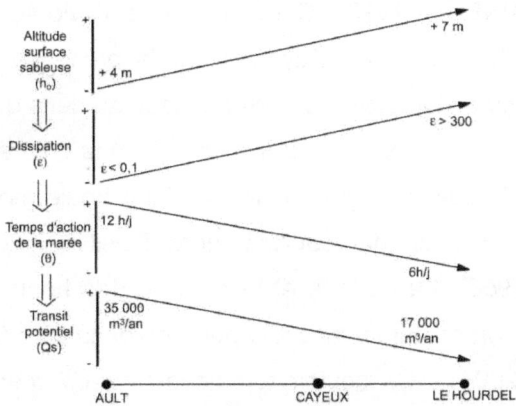

Figure 3-10 : approche conceptuelle de l'influence de l'altitude de la base sableuse sur le taux de transport des galets

La flèche des Bas-champs de Cayeux est ainsi un remarquable exemple d' « articulation morphodynamique par commandement » sous influence estuarienne. L'évolution d'une unité morphosédimentaire (ici la base sableuse) influence et dirige la dynamique d'une autre unité (ici, le cordon de galets) par commandement topographique.

51

3-2-1-2 : *L'articulation sable-vase sous influence amazonienne : exemple des plages de Cayenne.*

Le littoral guyanais constitue une section de 300 km incluse dans les 1600 kilomètres de côtes situées sous l'influence de la décharge vaseuse amazonienne.

L'embouchure de ce géant fluvial, située à seulement 400 kilomètres de la frontière guyano-brésilienne, fournit un volume d'eau d'environ 200 à 210 000 m^3 par seconde et livre une charge sédimentaire en suspension d'environ 40 tonnes par seconde en moyenne (KINEKE, 1993). Cette décharge fluvio-sédimentaire se traduit pour le littoral des Guyanes par la présence d'un corridor vaseux de 1600 kilomètres qui s'étend jusqu'au delta de l'Orénoque. Cette vase amazonienne se trouve plaquée à la côte et circule vers le nord-ouest sous la double influence d'une houle modérée d'alizé de secteur Est et du courant nord-Brésil (LAFOND, 1967 ; NEDECO, 1968). La période et la hauteur des houles se trouvent fortement amorties par la vase à l'approche de la côte (ANTHONY & DOLIQUE, 2004). Ce couloir turbide est relativement homogène entre l'Amazone et le cap Orange, à l'embouchure de l'Oyapock (ALLISON *et al.*, 2000) puis, à partir de cet estuaire qui joue un rôle de « passage à niveau hydraulique », la vase s'individualise en bancs distincts, offrant une circulation en « bouffées » de vase. Devant les Guyanes, la circulation sédimentaire vaseuse devient donc alternée avec des passages de bancs de vase (phases de banc) qui précèdent des phases d'érosion où la vase est absente en volumes suffisants (phases d'interbanc).

Les phases de banc sont caractérisées par une accrétion massive et rapide de la vase à la côte. Ces bancs mesurent environ 20 à 30 kilomètres de long, pour une section transversale pouvant atteindre l'isobathe -20 mètres (AUGUSTINUS, 1978). L'estimation de la vitesse de déplacement des bancs est variable selon les auteurs (entre 0,9 et 5 kilomètres par an) mais cette vitesse semble montrer une accélération contemporaine ces dernières années (GARDEL & GRATIOT, 2004). Lors de la phase d'accrétion, le banc passe par de multiples états de consolidation, notamment lors des saisons sèches (LEFEBVRE *et al.*, 2004). Au cours de la saison des pluies, les parties périphériques des bancs se fluidifient à la faveur d'événements météo-marins, et la vase se trouve emportée en tête de banc, ce qui explique le déplacement progressif de la masse vaseuse (ALLISON *et al.* 1995 ; LEFEBVRE *et al.* 2004). La colonisation des bancs par la mangrove est rapide. Des plantules d'*Avicennias Germinans,* apportées par les courants en saison des pluies, trouvent un substrat idéal notamment entre les craquelures de dessiccation formées en émersion par le soleil. La pousse des arbres est extrêmement rapide comme cela a pu être constaté entre 1998 et 2002 sur le banc de l'estuaire de Kaw, où les palétuviers ont atteint la taille de 12 mètres (soit une pousse de 3 mètres par an en moyenne), (DOLIQUE *et al.*, 2002). La densité des arbres est également importante (jusqu'à 200 plantules par m^2) comme cela a pu être constaté sur le banc Macouria en 2003.

On le voit donc, de par la masse sédimentaire en accrétion, la vitesse et la densité de la colonisation végétale, le littoral guyanais subit une transformation importante de sa physionomie en période de banc.

Les phases d'interbanc présentent une situation totalement inversée. La concentration de vase dans la colonne d'eau est alors beaucoup plus faible, ce qui permet à la houle, amortie en situation de banc, de venir déferler à la côte. Un recul rapide de la ligne de rivage s'effectue alors car la vase, certes consolidée, n'est pas en mesure d'offrir une résistance aux déferlements. Les taux de reculs sont variables en fonction de la fréquence et de l'intensité des événements météo-marins. (Il s'agit essentiellement d'ondes tropicales d'alizés atlantiques (tropical waves)). Ce recul atteint parfois 1 mètre par jour lors de conditions de forte énergie associées à des marées de fort coefficient. Cette érosion se traduit, sur la majorité du littoral guyanais, par la chute des arbres de mangrove qui laisse sur l'estran des accumulations impressionnantes de troncs et de branches. Ce retrait s'accompagne souvent d'une formation de cheniers. Ces cordons sableux, posés sur une base vaseuse, se développent par ségrégation des sédiments par la houle. Les sables subtidaux anciens et fluviatiles, emprisonnés dans leur matrice vaseuse, sont alors concentrés sur le haut de plage par inertie lors des déferlements. Ces cordons constituent les témoins des phases d'érosion, conservés en place et en quelque sorte fossilisés lors de la phase de banc suivante (AUGUSTINUS, 1980 ; 1989 ; AUGUSTINUS *et al.* 1989).

Les paysages littoraux en Guyane sont essentiellement composés de mangroves. En dehors des estuaires, seuls quelques affleurements rocheux rompent cette linéarité. Dans ce contexte, les corps sableux sont rares et en Guyane, on peut observer quelques plages sur Cayenne et Kourou, ainsi que des *cheniers* actifs localisés dans certains secteurs d'érosion de mangrove

(AUGUSTINUS, 1978 ; 1989 et 2004 ; PROST, 1989 ; FROMARD *et al.*, 2004 ; ANTHONY & DOLIQUE, 2004 ; DOLIQUE & ANTHONY, 2005).

Le promontoire rocheux de « l'île de Cayenne » est constitué de granulites et migmatites paléoprotérozoïques (2,2 millions d'années). Les baies situées entre les caps sont peu larges (200 m à 2 km) avec des plages sableuses adossées à des accumulations argileuses pléistocènes. Le sable est quartzeux, entouré d'une gangue limoneuse oxydée lui donnant une couleur orangé–ocre caractéristique, d'une granulométrie grossière (0,5 - 2 mm en moyenne).

Les trois principales anses sableuses de Cayenne sont : (1) l'anse de Montabo-Zéphyr à l'ouest, (2) l'anse de Montjoly au centre, et (3) l'anse de Rémire-Gosselin à l'est (figure 3-11).

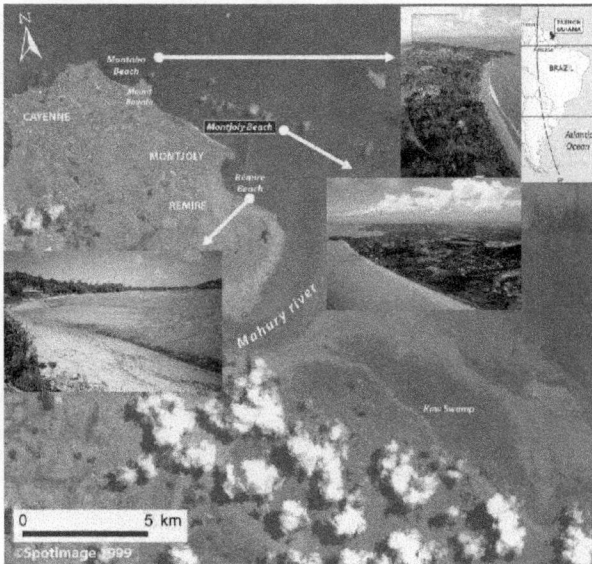

Figure 3-11 : localisation des plages de Cayenne.

55

La dynamique sableuse observée sur ces trois anses est influencée par la circulation des bancs de vase d'origine amazonienne et qui viennent se plaquer à la côte, provoquant une accrétion vaseuse intertidale et subtidale importante. L'exemple d'articulation sable-vase que nous allons suivre ici concerne l'anse de Montjoly, dont le fonctionnement est très caractéristique et pédagogique.

L'analyse à moyen terme des plages de Cayenne (entre 1950 et 1994) a permis de mettre en évidence des balancements sédimentaires sableux longitudinaux (ANTHONY et al., 2002 ; ANTHONY & DOLIQUE, 2004). Un balancement longitudinal de plage n'a rien d'original lorsqu'il est saisonnier et corrélé à une évolution elle-même saisonnière des agents hydrodynamiques, comme cela peut-être observable sur de nombreuses plages de poche de Bretagne ou d'Angleterre par exemple. Cependant, l'analyse de données aériennes (photographies aériennes verticales, vidéographies numériques) nous a confirmé le caractère pluri-annuel de ces phénomènes, qui sont donc indépendants des paramètres météo-marins saisonniers locaux (fig. 3-12).

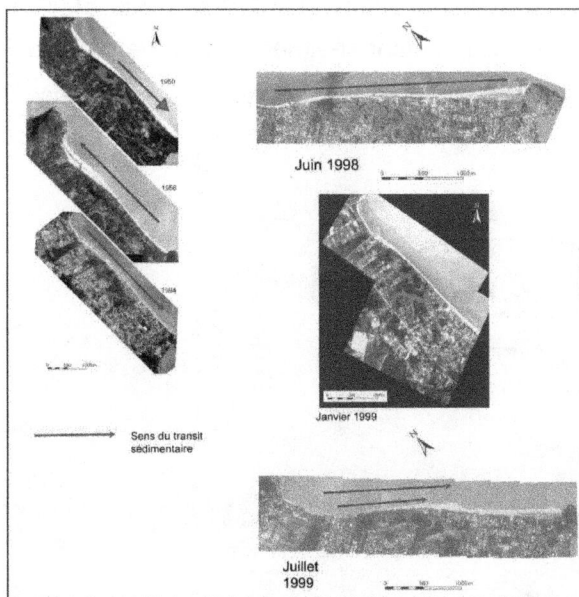

Figure 3-12 : Balancements sédimentaires (rythmicité pluriannuelle) liés à des transits alternés, le long de la plage de Montjoly (images IRD Guyane).

L'analyse fine à court terme (depuis 1998 jusqu'à 2005) a permis d'établir une relation entre ces mouvements sableux et la situation de la vase intertidale (DOLIQUE & ANTHONY, 2003, ANTHONY & DOLIQUE, 2004 ; DOLIQUE, 2004 ; DOLIQUE & ANTHONY, 2005). La dynamique des plages de Cayenne (Montabo-Zéphyr, Montjoly et Rémire-Gosselin) a été enregistrée par un réseau de 21 profils topographiques réalisés par tachéomètre infrarouge et réitérés sur un pas de temps équivalent à trois campagnes par an environ. Des mesures hydrodynamiques ont été réalisées ponctuellement face aux plages grâce à des courantomètres-houlographes électroniques à capteurs de pression et à émissions Doppler.

Les mesures de profils topographiques ont montré des tendances dynamiques très significatives avec des démaigrissements et des accrétions prononcées. Pour bien mettre en évidence le balancement sédimentaire sur la plage de Montjoly, deux profils ont été sélectionnés aux extrémités de l'anse (fig. 3-13).

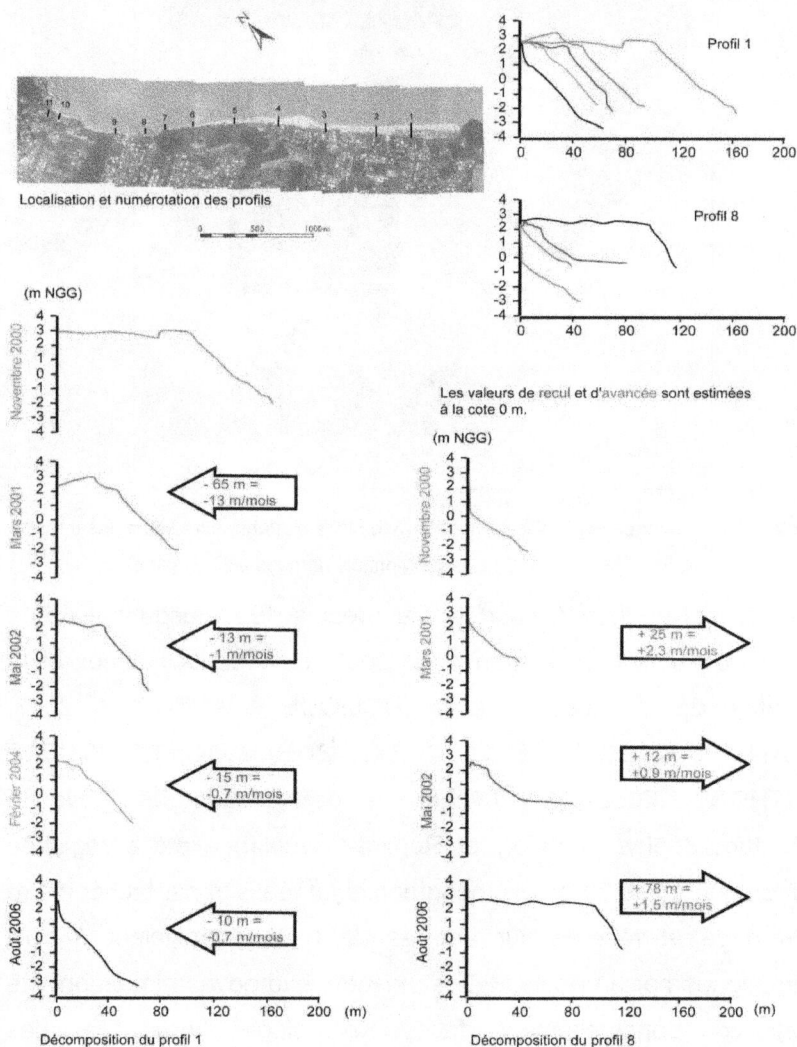

Figure 3-13 : Evolution des profils 1 et 8 sur la plage de Montjoly, entre 2000 et 2006.

Les observations de terrain ont montré que les directions du transit sédimentaire modal (du nord-ouest vers le sud-est, de 1995 à 2000 et du sud-est vers le nord-ouest, de 2000 à 2007) étaient à relier à la présence localisée de bancs de vase intertidale et subtidale accolés à la côte. L'existence de ces corps vaseux va jouer un rôle important dans l'amortissement et la réfraction des houles incidentes. Ce phénomène induit un différentiel d'énergie influant sur le sens du transit.

Des instruments de mesures hydrodynamiques (S4ADW ; Dobbie…) ont été utilisés pour caractériser le potentiel de dissipation énergétique de la houle par la vase intertidale. Les résultats présentés ici sont issus d'une campagne de mesures réalisée en février 2002 sur la plage de Rémire. Deux courantomètres-houlographes éléctromagnétiques à capteurs de pression S4ADW ont été posés, l'un dans un secteur envasé de la plage, l'autre dans un secteur sableux déblayé de sa vase. L'objectif était d'estimer, pour chaque secteur, les valeurs des hauteurs significatives des houles (Hs), ainsi que les niveaux d'énergie du spectre de houle. L'analyse des données (fig. 3-14) montre que Hs est très significativement réduite dans le secteur à fond vaseux (V) que dans le secteur à fond sableux (S), (fig. 3-14a). L'analyse des spectres de houle obtenus après transformée de Fourrier (fig. 3-14b) montre également une dissipation de l'énergie, quelle que soit la fréquence. Cette dissipation est particulièrement marquée dans la gamme des hautes fréquences (clapot, mer de vent, fetch local, inférieures à 5 secondes) alors que les plus basses fréquences (houle d'alizé, houle lointaine, supérieures à 7 secondes) restent bien représentées malgré une chute d'énergie.

Localisation des deux S4ADW, marée du 6 février 2002, plage de Rémire.
La photographie est prise à marée basse.
V= secteur dont le fond est tapissé de vase intertidale,
S= secteur dont le fond est essentiellement sableux,
en cours de déblayage de la vase.

Pose d'un S4ADW et sa structure
métallique.

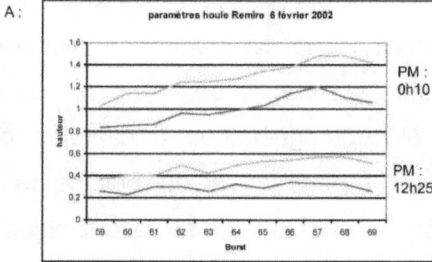

A :

paramètres houle Remire 6 février 2002

PM :
0h10

Valeurs de Hs pour les deux marées
du 6 février 2002.
En jaune, Hs en secteur sableux (S),
En marron, Hs en secteur vaseux (V).

PM :
12h25

B :   Fréquences de houles en transformée de Fourrier ; Burst 66 ; 6 février 2002 ; secteur envasé

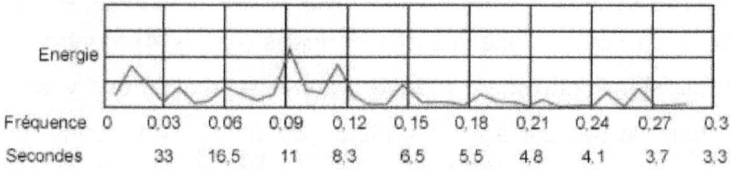

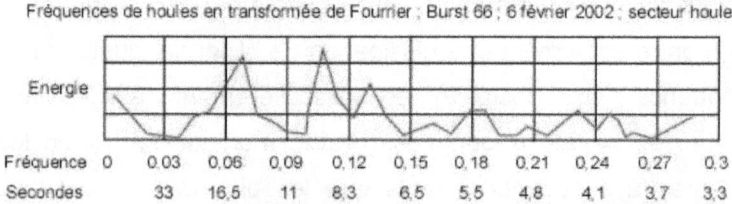

Energie											
Fréquence	0	0,03	0,06	0,09	0,12	0,15	0,18	0,21	0,24	0,27	0,3
Secondes		33	16,5	11	8,3	6,5	5,5	4,8	4,1	3,7	3,3

Fréquences de houles en transformée de Fourrier ; Burst 66 ; 6 février 2002 ; secteur houle

Energie											
Fréquence	0	0,03	0,06	0,09	0,12	0,15	0,18	0,21	0,24	0,27	0,3
Secondes		33	16,5	11	8,3	6,5	5,5	4,8	4,1	3,7	3,3

Figure 3-14 : Mesures hydrodynamiques et paramètres de dissipation de la
houle, Plage de Rémire.

L'ensemble de ces mesures a permis de mettre en évidence un modèle de fonctionnement du balancement sédimentaire (ce que certains auteurs définissent par « rotation » : SHORT & MASSELINK, 1999) pluriannuel, en relation avec la vase. Ce modèle non fermé, valable pour les anses sableuses de l'île de Cayenne, se divise en cinq stades (ANTHONY & DOLIQUE, 2004 ; DOLIQUE, 2004 ; DOLIQUE & ANTHONY, 2005), (fig. 3-15) :

Stade 1 : l'arrivée d'une bouffée de vase se fait sentir par le sud-est. Le champ de houles est alors perturbé par la différence de densité de l'eau générée par la vase en suspension. La houle se trouve réfractée et diffractée et offre une propagation différente (nord-est voire nord-nord-est) des propagations modales (est). Cela induit une dérive littorale sableuse en direction du sud-est. Le secteur nord-ouest de l'anse est en érosion alors que le secteur sud-est est en accrétion. Ce stade a été observé au cours de l'année 1998.

Stade 2 : La vase, arrivée par le sud-est, s'accole à la plage. La dissipation de l'énergie des vagues est à son maximum au sud-est de l'anse alors que les vagues peuvent encore déferler au nord-ouest. Cela engendre un net gradient d'énergie entre le nord-ouest et le sud-est. La dérive sableuse est initiée depuis le nord-ouest, puis se ralentit et se trouve bloquée à mi-anse, à la jonction avec le prisme vaseux. C'est ce qui s'est produit en 1999 et 2000.

Stade 3 : L'envasement atteint progressivement l'ensemble de l'anse. La vase se trouve confinée et bloquée par les caps rocheux situés au nord-ouest des anses. Les formes sableuses ne sont plus atteintes par les houles significatives qu'exceptionnellement lors de marées hautes de forts coefficients. Le reste du temps, les houles étant dissipées, les formes sableuses se trouvent figées. Il subsiste encore quelques transferts sableux transversaux ponctuels (marée haute, forts coefficients) mais les sables sont piégés par la vase intertidale et donc extraits du bilan sédimentaire. Cette situation de plage figée s'est observée en fin 2000 et début 2001.

Stade 4 : Suite à la circulation normale de l'ensemble vaseux vers le nord-ouest, la houle commence à nettoyer la vase sur la section sud-est de l'anse. La vase intertidale se fluidifie pour ne laisser que quelques pinacles de vase qui seront progressivement déblayés. N'étant plus réfractée par le sud-est, la houle reprend une propagation normale et le gradient d'énergie se trouve inversé (gradient sud-est – nord-ouest), ce qui induit une dérive sableuse vers le nord-ouest. Cette dérive sera bloquée à la jonction avec le prisme vaseux résiduel du nord-ouest. Cette situation a été observée en 2002.

Stade 5 : La vase a été totalement évacuée de l'anse. La dérive littorale modale s'exerce sur l'ensemble du linéaire de la plage. Le sable s'accumule sur l'extrémité nord-ouest, alors que la partie sud-est se trouve en érosion. Des villas de bord de mer sont menacées. Cette situation est observée entre 2003 et 2007.

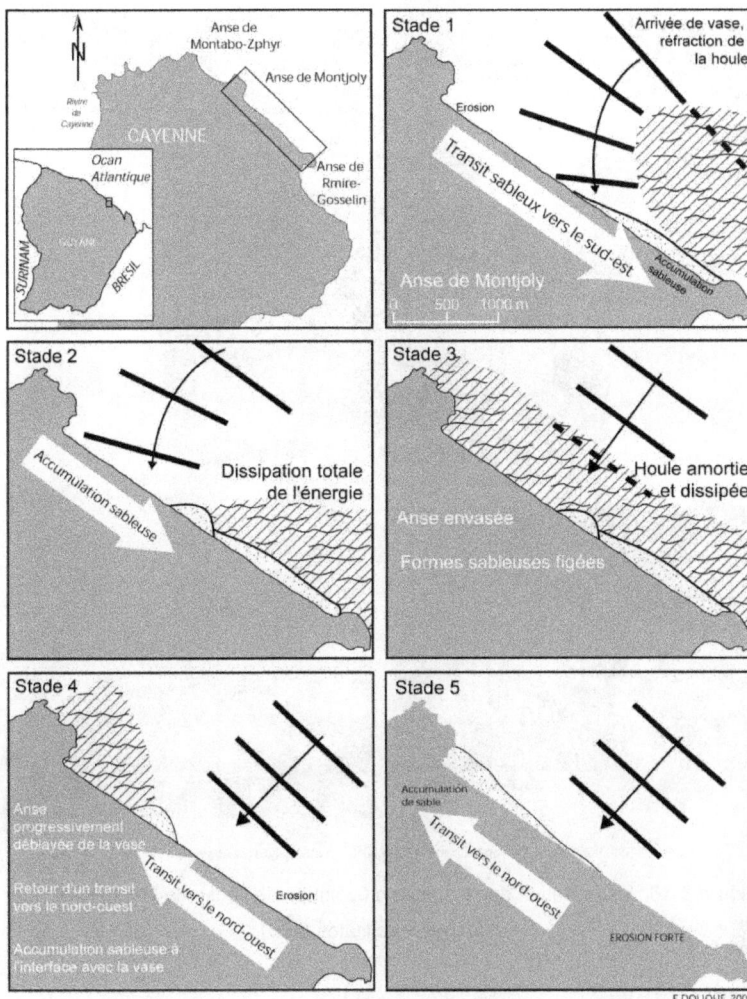

Figure 3-15 : les différents stades d'évolution de la plage de Monjoly, en relation avec la vase.

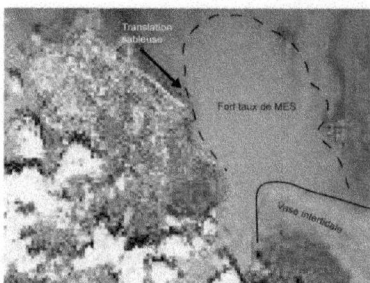

Stade 1 et 2 (1997-2000) : Arrivée de la vase.
(Quick look SPOT, 4-12-1998)

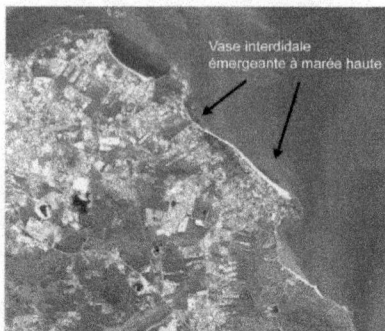

Stade 3 (2000-2001) : Envasement total des anses.
(SPOT, 02-07-01, marée haute)

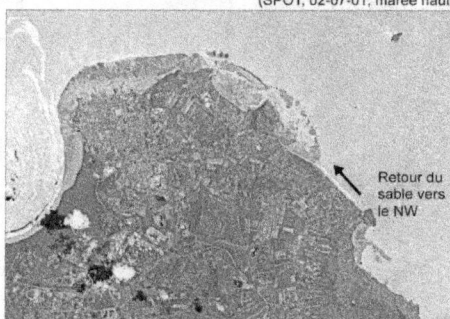

Stade 4 (2002-2003) : Déblaiement progressif de la vase. (SPOT, 30-08-03)

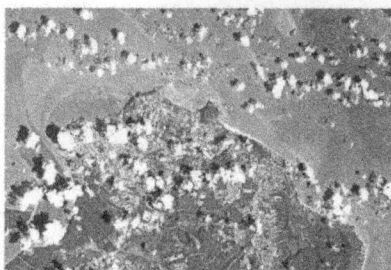

SPOT, 07-12-2005

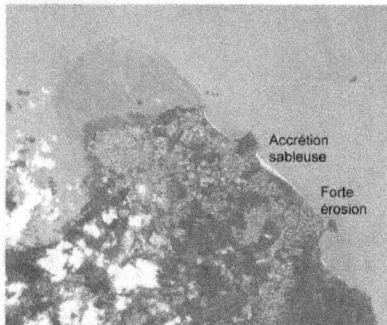

SPOT, 09-08-06

Stade 5 (2003-2007) : migration du banc vers le NW, le sable migre de nouveau vers le NW de l'anse

Figure 3-16 : visualisation des 5 stades d'évolution de l'anse de Montjoly, à partir
d'images satellitales (IRD).

On peut considérer ce modèle d'évolution comme circulaire
(fig. 3-16). Cependant, le modèle n'est pas intégralement cyclique et
fermé. C'est-à-dire que l'on ne va pas nécessairement assister à un

nouveau stade 1 après le stade 5. Il est possible que l'on passe après le stade 5 à une longue phase d'interbanc où l'érosion sera immanquablement exacerbée ou alors on assistera peut-être à une nouvelle phase massive de banc figeant les plages de l'île de Cayenne pour une longue période, de l'ordre de la dizaine d'années.

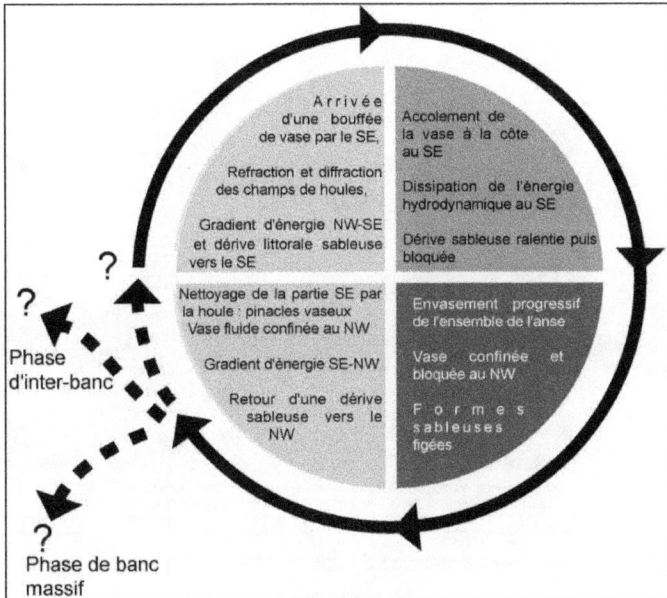

Figure 3-17 : Modèle cyclique d'évolution morphodynamique des anses de Cayenne. (Issu de ANTHONY & DOLIQUE, 2004 ; DOLIQUE, 2004)

Erosion devant une villa du lotissement STANIS, au cours des stades 1 et 2 du modèle d'évolution.
A : 1992 ; B : Décembre 1998 ; C : Janvier 1999. (Photographies ; J.P. HO)

Nord-ouest de l'anse de Montjoly,
(nov. 2006).

Nord-ouest de l'anse
de Montjoly, 2003.

Accrétion devant la même villa, au cours des stades 4 et 5 du modèle d'évolution.
A : Avril 2000 ; B : Février 2004 ; C : novembre 2005 (photographies. F.DOLIQUE)

Figure 3-18 : Tendances évolutives du trait de côte, au nord-ouest de l'anse de
Montjoly.

Accrétion de la plage, au sud-est de l'anse, aux stades 1 et 2 du modèle d'évolution,
A : 1994, la plage est étroite (carte postale) ; B : 2001, la plage a progressé d'une centaine de mètres (FD)

Vue oblique
du sud-est de
l'anse
de Monjoly.
(2001)

Image satellitale
de l'anse de
Montjoly
(9 août 2006)

Erosion au droit du
restaurant
"Le Byblos"
A : octobre 2005
B : mars 2007

Erosion du secteur
sud-est de l'anse de
Montjoly.
C : protection de la
résidence Ste Dominique
par enrochements
D : Remontée de sable
intertidal à l'engin.

Figure 3-19 : Tendances évolutives du trait de côte, au sud-est de Montjoly.

Cet exemple d'articulation montre comment un flux sédimentaire d'origine amazonienne, dont la dynamique peut être envisagée à large échelle spatiale et temporelle, peut influencer durablement le comportement de petits stocks sableux, de façon synchronisée et cyclique. L'exemple précédent montrait un commandement morphodynamique par la topographie, cet exemple montre un commandement plus complexe, alliant structuration à la côte et organisation du banc de vase ; et modification des caractères intrinsèques de la masse d'eau de mer (taux de matière en suspension) déformant le champ de houle.

3-2-1-3 : *L'articulation récif-plage : l'influence paroxysmale.*
Exemple de Papara, Tahiti, Polynésie française.

La plage de Taharuu, à Papara, est située sur la côte sud de l'île de Tahiti. Il s'agit d'une plage de baie, au débouché de la rivière Taharuu, qui charrie des matériaux clastiques d'origine éruptive. Le cordon sableux est un cordon de fond de baie composé de matériel volcanique, allant des cendres (peu nombreuses et enfouies) aux galets, en passant par une fraction de sables grossiers dominante (0,4 à 0,5 mm en mode). Cette plage mesure environ 1200 mètres de long et entre 10 et 50 mètres de large (fig. 3-20). Le profil moyen montre une pente de l'ordre de 10° avec un comportement typique de plage réfléchissante, raide, composée souvent de croissants de plages et subissant de façon quasi constante un déferlement en volute (plunging breaker) avec des vagues hautes et une nappe de retrait rapide. La puissance des houles est renforcée par l'absence à cet endroit de récif corallien protecteur. On retrouve des récifs continus qu'à partir des extrémités de l'anse. L'absence de récif est liée aux fortes charges de matières en suspension dans l'eau, au débouché de cette rivière pentue. Le transport sédimentaire est cross-shore et également longshore avec une double dérive divergente, depuis l'embouchure de la baie jusqu'à ses extrémités (fig. 3-20).

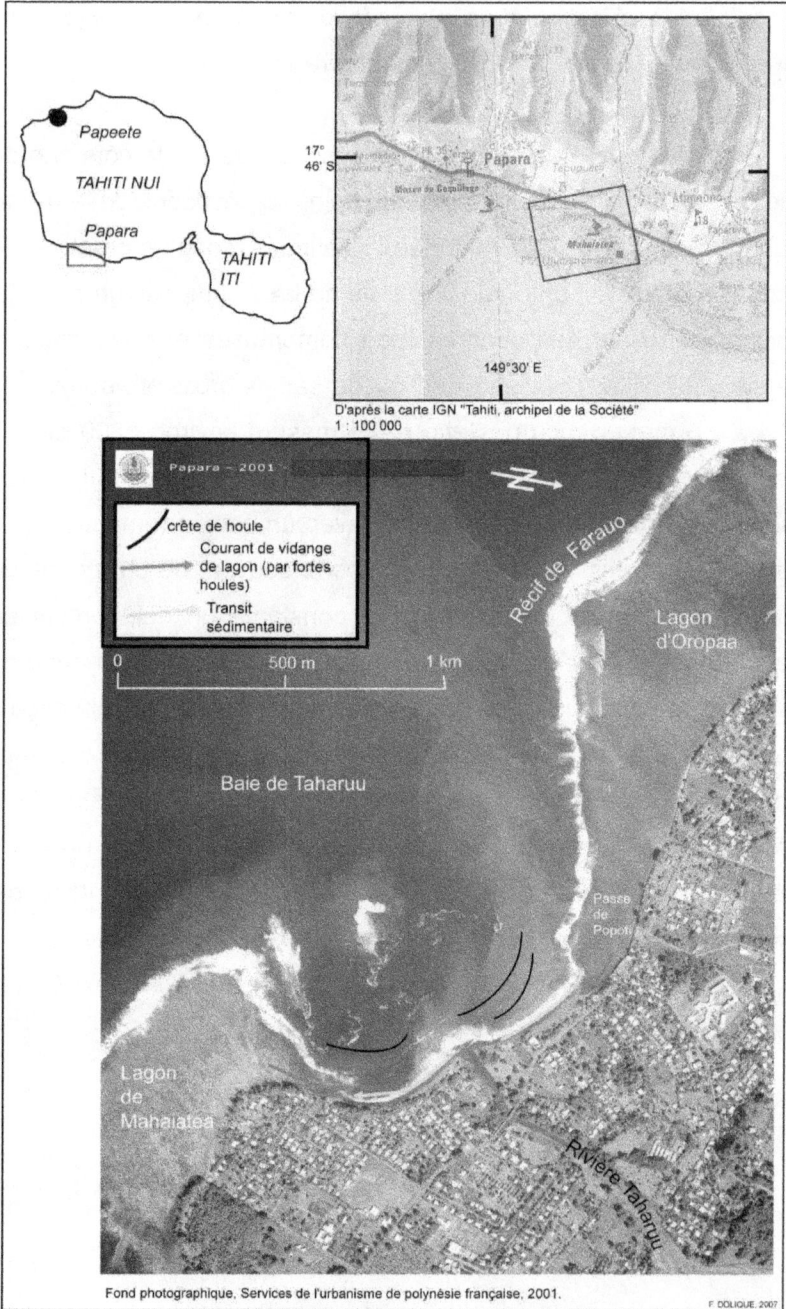

Figure 3-20 : Localisation du site de Papara, plage de Taharuu.

L'analyse des données sédimentaires (granulométrie et morphoscopie) a permis de dégager un classement transversal typique des plages graveleuses avec les granulométries les plus grossières réparties en haut et bas de plage (JEANSON, 2004). Cette distribution est liée à la forte inertie de mouvement imprimée sur les grains grossiers par un swash énergique. En haut de plage, la surface du sédiment présente une consolidation en croûte caractéristique des plages de sables sombre, composées de sel, de poussières et de sable et formée par une forte évaporation liée à la couleur noirâtre du sédiment.

L'analyse cinétique des photographies aériennes verticales fournies par les services de l'urbanisme de Polynésie française (séries de 1977, 1988, et 2001) montre une tendance générale à l'accrétion, avec toutefois un ralentissement ces dernières années. Cette accrétion serait liée à l'arrêt des exploitations de granulats dans le lit de la rivière depuis la loi de 1978 (JEANSON, 2004). Les images montrent également une extension de lobes d'accumulation vers les deux extrémités de la baie, confirmant la dérive littorale divergente à partir du centre de l'anse, liée à la réfraction de la houle en situation de baie. A l'ouest, au contact avec le récif, une flèche sableuse se détache de son adossement en conditions modales, pour progresser, posée sur le récif de Popoti (fig. 3-20). La formation de cette flèche est liée à la capacité de transport de la houle, encore forte au niveau du récif mais faible à l'arrière de celui-ci.

Un suivi topographique du site a été réalisé entre avril et novembre 2003, sur 4 sections caractéristiques de la plage (fig. 3-21). Ce suivi a permis de mettre en évidence le comportement morphosédimentaire de ce type de plage face à un événement tempétueux. En effet, un fort coup de vent s'est produit fin avril 2003, générant une houle forte de sud-ouest le 29 avril 2003 et les cinq jours suivants. L'analyse des résultats (fig. 3-21) montre un démaigrissement et une perte de volume sur les quatre profils. Le transit n'a donc pas été longitudinal mais transversal avec un gain en sédiments en bas de plage et en sub-tidal.

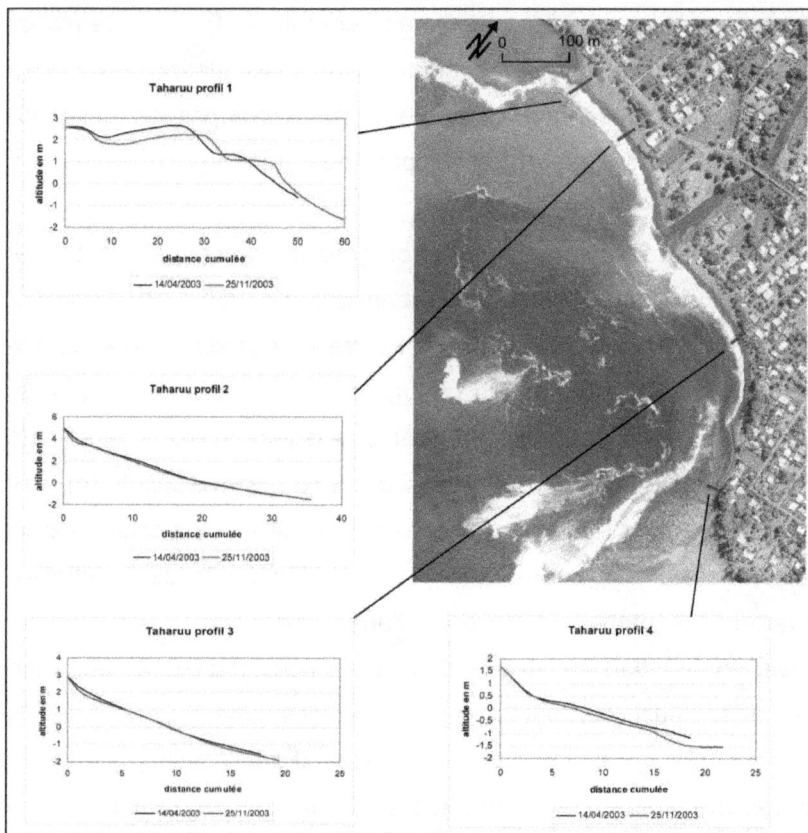

Figure 3-21 : Profils topographiques levés sur la plage de Taharuu, Papara, Tahiti.

Par contre, à l'ouest, on a pu constater l'arasement partiel de la flèche, avec un recul du profil de 20 m et une baisse du plancher sableux d'1,5 m, en trois jours (profil 1, figure 3-22). Cette érosion significative est à mettre en relation avec un phénomène de vidange du lagon. En effet, en conditions modales, le lagon se remplit assez peu et se vide lentement, à partir notamment de la passe de Faarearea, plus large et située plus à l'ouest. Dans cette situation, les houles constructives représentent l'agent évolutif majeur pour le cordon qui se constitue au contact plage-récif, en travers de la passe de Popoti. A l'inverse, en situation paroxysmale, les vagues hautes passent par-dessus la barrière récifale et le lagon se remplit. Les conditions hydrodynamiques du lagon se trouvent forcées et le trop-plein est évacué, générant de forts courants canalisés sur toutes les passes. Sur la passe de Popoti, le courant a tranché la flèche, emportant le sable vers la baie et découvrant une falaise sableuse haute d'1,5 m (voir photos fig. 3-22).

Dans ce cas, il était intéressant d'estimer la vitesse de résilience de la flèche au retour des conditions modales. Le sable, expulsé par le courant de vidange de la passe, est rapidement recyclé en bas de plage, puis remonté sur le profil par les houles constructives. L'agradation était de l'ordre de 30 cm le premier mois soit un gain de 12,7 m^3/m linéaire ; puis d'une moyenne d'une vingtaine de centimètres par mois sur les cinq mois suivants, soit un gain de 12,3 m^3/m linéaire. La résilience est donc rapide dans les premières semaines qui suivent l'événement, puis progressive les semaines suivantes. Sur le plan horizontal, l'accrétion a pratiquement permis de redonner à la plage son profil originel (gain de 22 mètres), à partir de la remontée de bermes successives, dont l'une est bien identifiable sur le profil du 25 novembre 2003 (fig. 3-22).

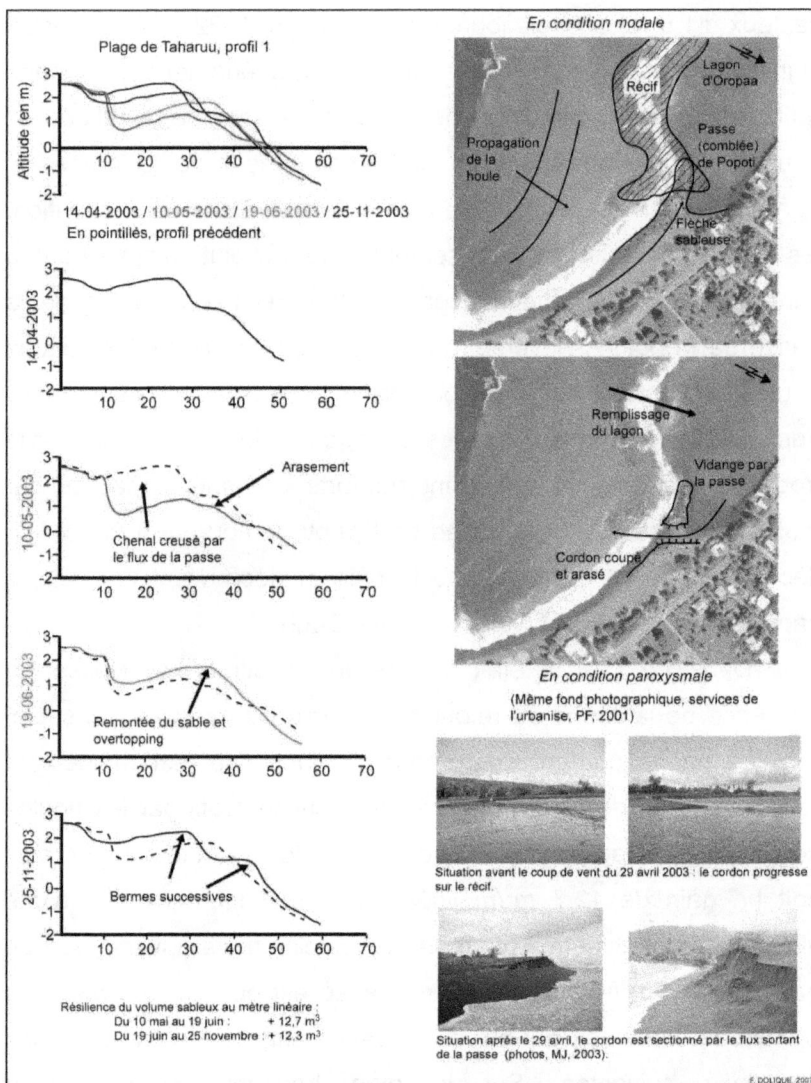

Figure 3-22 : Evolution du profil 1 à Taharuu et rythme de résilience.

A partir de cet exemple, on perçoit l'importance des conditions paroxysmiques sur une articulation plage-récif. En situation d'équilibre avec les houles, le transit longitudinal de sable en extrémité ouest de baie vient boucher la petite passe de Popoti afin de former une flèche progressant vers le récif où les vagues gardent une énergie significative. En situation de stress météo-marin, la passe va de nouveau jouer son rôle d'évacuation de l'eau du lagon et la flèche est scindée et arasée. Le sable est ensuite rapidement recyclé et un rapide processus de résilience est constaté grâce au retour des houles modales reconstituantes. Sur un délai de six mois environ, la flèche s'est reconstituée.

3-2-2 : Articulation transversale : le paradoxe du beachrock

Dans la section précédente, nous avons vu comment une articulation entre deux ensembles morpho-sédimentaires pouvait générer, ou contrarier, un transport sédimentaire longitudinal. Dans cette section, nous allons nous intéresser aux perturbations du transit transversal lié à la présence d'un beachrock.

Les beachrocks, ou grès de plage, constituent des morphologies de plage rencontrées plus particulièrement en zone intertropicale et subtropicale. Les premières études concernant ces formes indurées furent rédigées à partir des années 50 à 60 suite à l'intérêt porté par certains auteurs de l'époque aux environnements côtiers tropicaux (NESTEROFF, 1954 et 1956 ; GUILCHER, 1961 ; RUSSELL, 1962). La reconnaissance des beachrocks pour dater des niveaux marins anciens provoqua une seconde vague de publications constatée dans les années 80 (PURSER, 1980 ; DALONGEVILLE, 1984 ; STRASSER et DAVAUD, 1985 ; DAVIES et MONTAGGIONI, 1985 ; SCOFFIN et STODDART, 1987).

Ces morphologies se rencontrent régulièrement sous des latitudes inférieures à 25 degrés (RUSSELL, 1971), le plus souvent sur des plages de sable corallien, en situation d'arrière récif ou sur des cayes (GUILCHER, 1988). Mais on en trouve également un nombre significatif sur les rives de la méditerranée et plus rarement sous des latitudes plus hautes (Danemark, Pologne, Japon, Galice...) et sur les rives de certains lacs (Michigan, Pennsylvanie, Nouvelle Zélande, sud de l'Australie...), (REY *et al.*, 2004 ; TURNER, 2005).

Le beachrock est composé le plus souvent de dalles inclinées jusqu'à 5 à 10° vers l'avant-plage et présente des stratifications aux épaisseurs et aux indurations variées. La structuration et la stratification du beachrock résultent de la composition, la variabilité, la granulométrie et la perméabilité – porosité des nappes sableuses constitutives (MOLENAAR et VENMANS, 1993). Il est formé en étage médiolittoral par une cimentation calcaire composée d'aragonite et de calcite. Cette cimentation est en effet préférentielle en situation intertidale et une alternance d'humectation et de dessiccation semble fondamentale à la mise en place de sa diagenèse (HIGGINS, 94 ; AMIEUX *et al.*, 1989). On peut également y trouver des éléments grossiers (galets, blocs de corail...) cimentés dans la masse (GUILCHER, 1961). Le processus classiquement avancé pour expliquer la cimentation est une sur-saturation en $CaCO_3$, associée à une intense évaporation (GINSBURG, 1953 ; STODDART et CANN, 1965). BLOCH et TRICHET (1966) ainsi que SCHMALZ (1971) évoquent le rôle de l'eau douce ; d'autres parlent du rôle du dégazage du CO_2

(THORSTENSON et al., 1972 ; HANOR ; 1978). Des études plus récentes mettent en évidence le rôle microbiologique joué dans la cimentation (TAYLOR et ILLING, 1969 ; KRUMBAIN, 1979 ; STRASSER et al., 1989 ; MOLENAAR et VENMANS, 1993 ; BERNIER et al, 1997), en particulier certaines bactéries (OTTMANN, 1965 ; KRUNBEIN, 1979 ; BEIER, 1985). Tous s'accordent sur la rapidité de la diagenèse (FRANKEL, 1968). Mais en dépit de nombreuses investigations pétrographiques, le processus de cimentation à l'origine de la formation des beachrocks reste mal connu (TURNER, 2005).

Bien souvent, la présence d'un beachrock sur une place génère un certain nombre de perturbations du transit sédimentaire modal, longshore mais aussi surtout cross-shore. La présence même du beachrock est liée à une perturbation de l'équilibre de la plage, en relation avec une phase d'érosion. Cette phase régressive va entraîner une succession de modifications du comportement sédimentaire synonyme de réorganisation du système plage dans sa nouvelle configuration.

Une phase de recul d'une plage tropicale peut mettre à jour un beachrock par démaigrissement du stock sableux sus-jacent. Dans la plupart des cas, l'apparition de cette (ces) dalle(s) va ralentir l'érosion car le beachrock va jouer un rôle de brise-lame en faisant déferler les vagues. L'arrière plage sera protégée. De façon durable ou momentanée ? De nombreux auteurs pensent que le beachrock est un bienfait pour une plage qui va ainsi « s'auto-protéger » naturellement. PIRAZZOLI (1993, page 59) pense que « de par leur résistance à l'attaque des vagues, les beachrocks contribuent souvent à protéger la côte contre l'érosion et, en jouant le rôle d'épis naturels, à ancrer les plages naturelles adjacentes ». PASKOFF (1993, page 48) parle de « beachrock providentiel [...] de brise-lame

77

naturel stabilisant le trait de côte ». D'autres auteurs citent des exemples où la protection est efficace (STEERS, 1969 ; BIRD, 1970 ; KANA *et al.*, 1988 ; SPURGEON *et al.*, 2003 ; UNESCO-CSI, 2007). Cette situation se vérifie effectivement dans bien des cas, comme pour certaines plages de Polynésie par exemple (voir fig. 3-23). Cependant, il faut se méfier de cette tendance fallacieuse. La protection n'est souvent qu'une phase transitoire et l'évolution à long terme de la plage reste négative. Si le beachrock réduit en effet l'énergie du déferlement à mi-plage, il perturbe les flux d'écoulements et les échanges verticaux de sédiments. Cette situation peut être renforcée par l'amplitude de la marée. Les deux exemples présentés ci-dessous, localisés en Polynésie française et au Togo, démontrent de manière claire qu'il ne faut pas avoir de confiance aveugle envers un beachrock en matière de protection de la plage.

Les deux photographies montrent une protection relative d'une berme sableuse de haut de plage par le beachrock. Là où il est absent (trouées A et B à l'arrière-plan des photos), la plage est inexistante. (Photographies prises à Moorea, M. JEANSON et M. PORCHER)

Figure 3-23 : Exemples de protection de plage par la présence d'un beachrock.

La plage du PK 18 à Punaauia (Tahiti, Polynésie française) présente deux affleurements de beachrock significatifs (fig. 3-24). L'un mesure 400 m de long, l'autre 150 m environ. Ils sont larges de 3 à 4 m environ. Ces grès de plage sont apparus suite à l'édification de murs de défense pour protéger villas et jardins de l'érosion modale de la plage. Ces murs ont exacerbé l'énergie des houles à marée haute, évacuant le sable vers le lagon et exhumant les dalles de grès. Aujourd'hui, la dalle supérieure est surélevée de 50 cm environ par rapport au profil sableux. Lorsque la marée est haute, la mer passe par-dessus le beachrock et lors du jusant, l'eau du lagon se trouve isolée entre la dalle et les murs de protection (voir photos, fig. 3-24). A marée basse, l'eau s'engouffre dans de petites passes et sillons creusés dans le beachrock, canalisant ainsi un courant fort qui emporte le sable vers le lagon (voir schéma de la fig. 3-24). En situation de houles modales, les vagues constructives ne peuvent ramener ce sable vers le haut de plage car les sédiments se trouvent bloqués par la présence du beachrock. Le sable ainsi emporté par la canalisation du beachrock est donc sorti définitivement du bilan sédimentaire du haut de plage qui devient déficitaire. L'érosion se renforce alors. Des mesures topographiques réalisées au droit du beachrock principal en avril et novembre 2003 montrent bien le phénomène de démaigrissement sableux sur le haut de plage (profil, fig. 3-24).

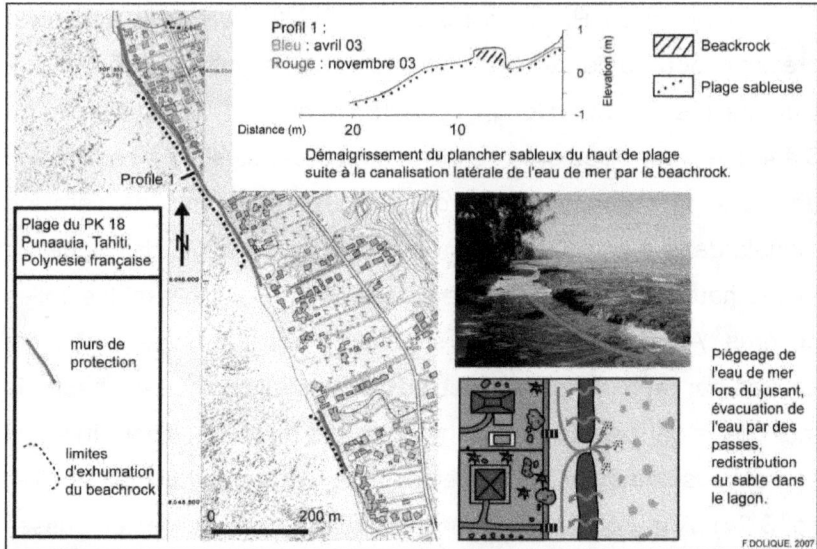

Figure 3-24 : démaigrissement du haut de plage de Punaauia lié à la présence d'un beachrock

La plage de Doévi, située à l'est du port de Lomé, au Togo, présente l'affleurement d'un imposant beachrock, depuis la jetée portuaire jusqu'à la ville d'Aného à l'est, soit un linéaire de 42 kilomètres. Ce beachrock est le témoin de l'érosion de cette partie du littoral togolais depuis la création de la jetée portuaire de Lomé en 1967 (BLIVI, 1985 ; ROSSI, 1989). Cette jetée, longue de 1700 m, a eu pour effet de bloquer le transit sédimentaire sableux dominant d'ouest (estimé à 1,5 millions de m^3/an), en provenance du delta de la Volta (Ghana), provoquant une accumulation sableuse de près d'un kilomètre de large. A l'opposé du port, la plage de Doévi, privée de l'alimentation sableuse en provenance de l'ouest, a subi un recul de plus de 500 mètres (fig. 3-25) mettant à jour le beachrock en 1975 (ROSSI, 1988).

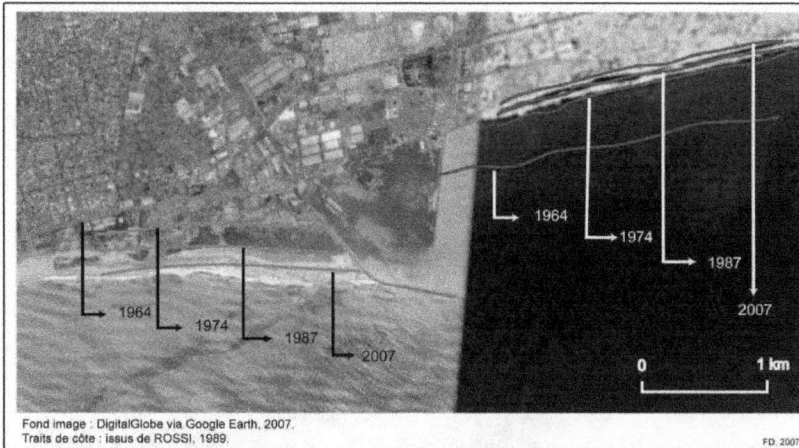

Figure 3-25 : Evolution du trait de côte aux abords du port de Lomé, Togo.

Ce grès de plage, d'une trentaine de mètres de large, présente une série de 5 à 8 dalles successives orientées vers la mer. Il isole une lagune de 60 à 70 mètres, puis une plage très pentue, manifestement encore en cours d'érosion (observations de terrain, juin 2003 : fig. 3-26). Si la présence de ce massif beachrock a effectivement contribué à ralentir l'érosion (ROSSI, 1988), il ne l'a pas stoppé et on observe encore aujourd'hui un recul de la falaise sableuse en arrière (DOLIQUE, 2005). En effet, situé sur une côte dont le marnage est de 3 m, ce beachrock dissipe efficacement la houle à marée basse et mi-marée. Par contre, il est très largement recouvert à marée haute et laisse passer les plus fortes houles, en particulier lors des gros coefficients de marée. Les vagues déferlent ainsi sur la plage, la taillant en falaise. Le sable glisse le long du profil vers le fond de la lagune où, comme à Punaauia, il sera repris progressivement par un courant latéral en direction d'une passe, en l'occurrence celle située à proximité de la jetée est du port de Lomé.

81

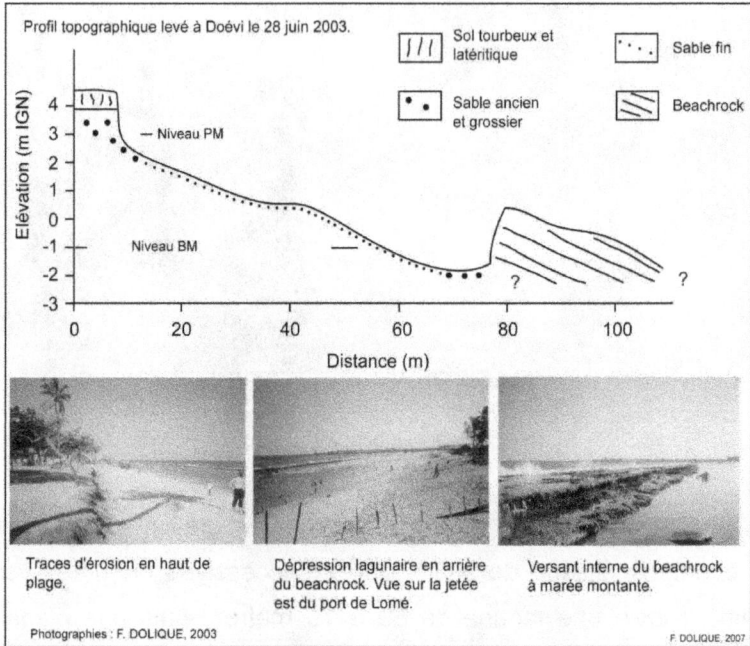

Figure 3-26 : Profil topographique de la plage de Doévi, (Est de Lomé).

Ces deux exemples montrent comment l'équilibre transversal d'une plage peut être influencé et perturbé par la présence d'une forme gréseuse telle qu'un beachrock. Cette forme (d'érosion par définition) va progressivement réduire le rythme du recul général de la plage en amortissant les houles. Cependant, sa présence va, dans certains cas, perturber les échanges sédimentaires transversaux en canalisant l'écoulement tidal, en conduisant parfois à une érosion verticale (Punaauia) ou horizontale (Lomé-Doévi) du haut de plage et en bloquant les remontées de sable par les houles constructives. Un stock sableux est ainsi définitivement sorti du bilan sédimentaire. De l'érosion à la protection bien souvent fallacieuse, conduisant à un renforcement très localisé de l'érosion, tel est le paradoxe du beachrock.

3-3 ARTICULATIONS ET RÉORGANISATIONS MUTUELLES

Cette partie se propose de présenter deux exemples d'articulation sable–vase dont l'interaction réciproque engendre des réorganisations complexes mais éphémères de la distribution sédimentaire et de la morphologie.

Comme nous l'avons vu dans la partie 3-2-1-2, l'évolution des plages sableuses de Guyane est fortement influencée par les flux de vase d'origine amazonienne en circulation au large et à la côte. La ligne de contact entre le sable et la vase, qui est parfois floue et complexe et dont on préfèrera l'appellation de « zone de contact », présente des situations morphologiques et sédimentaires parfois très différentes selon les sites. On peut y observer des phénomènes alternatifs de stratifications, des formations de cheniers interagissant avec de la tourbe ou encore des phénomènes inédits d'effondrement de plages sableuses en gradins.

3-3-1 : La stratigraphie sable – vase en Guyane

En géomorphologie, les jonctions entre sédiments de natures différentes offrent la plupart du temps des lignes de contact qui peuvent être identifiées par la rupture rapide des conditions d'équilibre de pente, de texture, ou de densité par exemple (DOLIQUE, 2008 sous presse). En Guyane, si cette limite est souvent visuellement nette (opposition granulométrique et texturale), elle est en fait beaucoup plus floue qu'il n'y paraît.

Dans la situation d'un couple morphodynamique « haut de plage sableux – bas de page vaseux », il existe différents niveaux de consolidation de la vase. Au cours du stade 3 du modèle d'évolution des plages de Cayenne présenté en figure 3-15, la vase stable se tasse et se consolide. Au cours du stade 4, la houle va de nouveau déferler sur l'ensemble du système plage, déstructurant progressivement la vase intertidale et la re-fluidifiant en partie. La vase fluidifiée sera transportée en direction du nord-ouest puis déposée au contact avec le sable. A marée haute et lors de fortes houles, les vagues déferlent à nouveau sur la partie sableuse de la plage (haut de plage), induisant une dynamique longhore du sable (exposée en 3-2-1-2) mais également une dynamique transversale. Au jusant, la vase consolidée, qui forme un platier de consistance viscoplastique, joue un rôle de blocage et de ré-orientation du courant, à l'image du processus défini précédemment pour les beachrocks (partie 3-2-2). Le profil va alors s'aplanir pour laisser place à des formes de mégarides qui nous renseignent sur l'orientation parallèle à la côte du courant et sur sa rapidité (fig. 3-27).

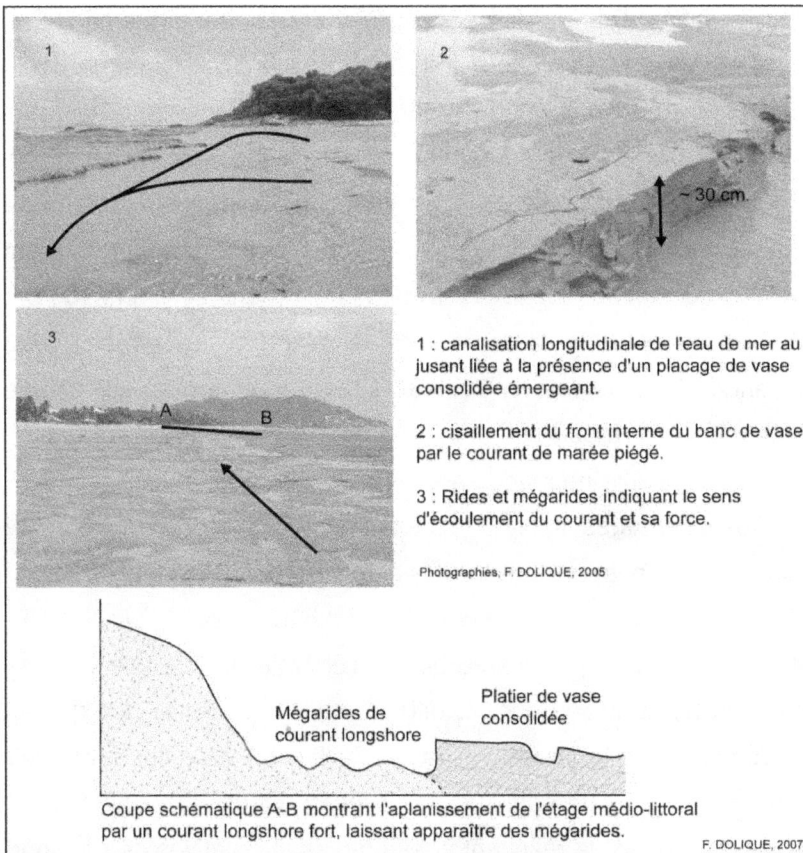

1 : canalisation longitudinale de l'eau de mer au jusant liée à la présence d'un placage de vase consolidée émergeant.

2 : cisaillement du front interne du banc de vase par le courant de marée piégé.

3 : Rides et mégarides indiquant le sens d'écoulement du courant et sa force.

Photographies, F. DOLIQUE, 2005

Mégarides de courant longshore

Platier de vase consolidée

Coupe schématique A-B montrant l'aplanissement de l'étage médio-littoral par un courant longshore fort, laissant apparaître des mégarides.

F. DOLIQUE, 2007

Figure 3-27 : influence d'un banc de vase intertidal consolidé sur les figures sédimentaires sableuses (Montjoly, Guyane)

Plus au nord-ouest, au contact entre le sable et la vase fluide, une stratification alternée va se produire en fonction des phases de la marée et de l'énergie hydrodynamique produite. Des coupes réalisées en 2003 et en 2005 sur la plage de Montjoly, dans la zone de contact sable – vase médio-littoral ont montré des niveaux de stratification alternés vaseux et sableux (DOLIQUE & ANTHONY, 2005). Ces variations sont liées aux différences du niveau d'énergie des déferlements en fonction de la marée, sur un gradient altitudinal. Le marnage en Guyane est de l'ordre de 3,5 m en pleine mer de vive-eau (FIOT, 2004). A marée haute, la houle déferle sur le cordon sableux. En situation de houle forte, le sable est mobilisé transversalement vers le bas de plage par la nappe de retrait et le courant de retour résultant. Des nappages sableux de quelques millimètres jusqu'à 5 centimètres d'épaisseur se forment alors au-dessus du platier vaseux. Ce phénomène sera renforcé par effet de suffosion à la marée basse suivante. La nappe d'eau contenue dans le cordon sableux s'exfiltre au niveau de l'étage medio-littoral, emportant alors du sable vers l'étage vaseux, alimentant ainsi le nappage sableux au-dessus de la vase (fig. 3-28 A). Ces plaquages sableux peuvent s'avérer dangereux pour le promeneur non averti qui peut s'enfoncer dans la vase, pensant marcher sur du sable consolidé (DOLIQUE, 2004 ; DOLIQUE, 2008b sous presse). A marée basse, l'énergie de la houle vient se briser en bordure de banc, fluidifiant une partie de la vase qui est transportée avec la marée montante. Ce flux de vase fluide va venir recouvrir le nappage sableux (fig. 3-28 B). Cette inter-stratification sablo-vaseuse est la résultante des phases alternatives de transport de sédiments au sein du profil en fonction de la marée. Et leur épaisseur est significative du niveau d'énergie hydrodynamique nécessaire à leur mise en place.

A : Phase sableuse

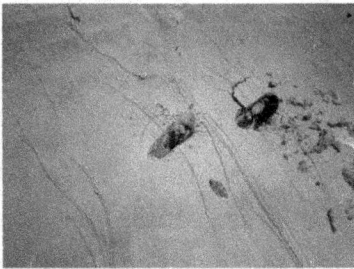

Placage sableux disposé sur un niveau vaseux

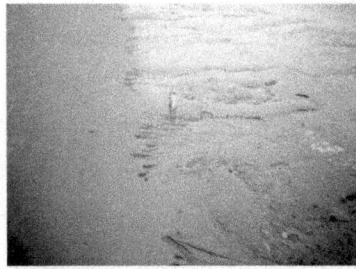

Suffosion d'eau de nappe, emportant avec elle du sable qui vient se répandre sur la vase.

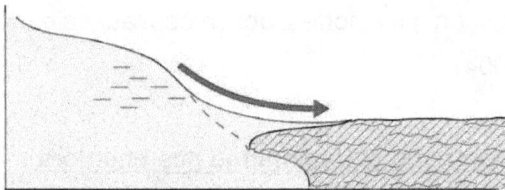

Représentation schématique du glissement sableux : à marée haute par effet de backwash ; à marée basse par suffosion de la nappe.

B : Phase vaseuse

Apport récent de vase fluide recouvrant le sable

Poussée de vase fluide vers le cordon par les vagues à marée montante

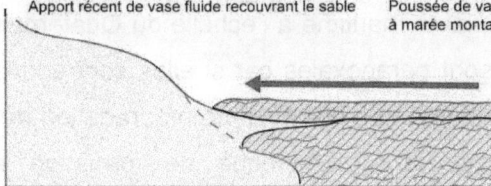

Représentation schématique de l'apport vaseux recouvrant la lamelle sableuse.

Photographies : F. DOLIQUE & E. ANTHONY, 2004   F. DOLIQUE, 2007

Figure 3-28 : Processus de formation des niveaux stratifiés alternés au contact sable – vase, plages de Cayenne.

Ces lamelles vaseuses vont piéger une quantité non négligeable de sable, parfois pour de longues périodes, la soustrayant ainsi au bilan sédimentaire du cordon sableux (DOLIQUE, 2004b).

Lors de la phase d'interbanc suivante (stade 5 du modèle présenté en figure 3-15), le sable est restitué en haut de plage, mais cette résilience est partielle car pour certaines sections subtidales, le sable est définitivement piégé. A long terme, le cordon sableux voit son volume s'amenuiser, ce qui peut permettre d'expliquer les phases d'érosion de plus en plus fortes observées au sein des interbancs (DOLIQUE, 2004).

3-3-2 : <u>Formation et dynamique des cheniers</u>

Les cheniers sont des cordons sableux, individualisés, formés en milieu vaseux (AUGUSTINUS, 1980). On les rencontre souvent en milieu d'estuaire ou de côtes vaseuses ouvertes où ils forment des ensembles de rides successives (AUGUSTINUS *et al.*, 1989 ; ANTHONY, 1990). En Guyane, la plupart des cheniers sont localisés dans la plaine maritime et forment dans le paysage des alignements de cordons de sables blanc lessivés. Ils sont le témoin de la progradation de la plaine maritime à l'échelle du Quaternaire. Cependant, ces formes sont paradoxales car si elles sont souvent considérées comme des marqueurs efficaces de progradation de la plaine maritime, leur processus intrinsèque de formation est dépendant d'une phase de recul. Sur le littoral Amazone-Orénoque, les cheniers se forment en situation d'interbanc, lorsque la houle, qui n'est plus amortie par la vase fluide, vient déferler vers la mangrove. La vase consolidée, qui sert de substrat aux palétuviers, est alors déstructurée et les arbres tombent à la mer, formant d'impressionnantes accumulations de troncs blanchis par l'eau salée. Le sable, autrefois transporté par les fleuves, déposé sur l'avant-côte et mélangé à la vase à hauteur de 2 % environ, est alors remonté vers le haut de plage par les déferlements (AUGUSTINUS, 2004). Une sélection granulométrique naturelle va alors s'effectuer grâce aux houles par inertie différentielle. Le sable, plus lourd et plus dense, se retrouve projeté et emporté par son propre poids vers le haut de plage par le jet de rive. Les particules s'accumulent pour former un cordon (fig. 3-29, photo A). Un premier stade d'érosion de la mangrove va montrer une structuration de la côte en festons réguliers (fig. 3-29, photo B). Le sable va alors s'y accumuler, piégé par une anse fermée. La côte va ensuite se régulariser pour former un cordon individualisé et linéaire.

La dynamique sédimentaire de ces cheniers est orientée selon deux axes : une dynamique transversale régressive (cross-shore) et une dynamique longitudinale (longshore) orientée vers l'ouest, en adéquation avec la dérive littorale dominante. Gouvernés par les processus de déferlement (swash), les cordons vont, dans un premier temps, reculer sur eux-même par débordements des vagues (washover). Ce débordement entraîne les particules vers l'arrière du cordon, le faisant ainsi « rouler » (rollover) vers l'intérieur de la mangrove qui continue de s'éroder (fig. 3-29, photo C). Des niveaux de tourbes peuvent s'exhumer et se trouver déstructurés rapidement par les déferlements, apportant sur le cordon, et en arrière de celui-ci, des boues tourbeuses formant des horizons bariolés (fig. 3-29, photo D). Cette situation de migration régressive de chenier a été observée entre 2003 et encore aujourd'hui au niveau des rizières de Mana, dans l'ouest guyanais, dont les emprises agricoles sont très menacées par le repli de la côte en l'absence de banc de vase protecteur. Le recul est parfois tellement rapide que les cheniers se brisent en sections sableuses individualisées (fig. 3-29, photo E).

Le déferlement oblique des houles d'alizé (secteur Est) provoque également une dérive littorale dominante vers l'ouest. Le cordon migre et forme une flèche active dont le volume a tendance à se réduire à mesure de sa progression. En limite de dérive sédimentaire, le sable s'accumule sous la forme de cordons successifs comme on peut l'observer à l'extrémité de la pointe Isère, à l'embouchure du Maroni (fig. 3-29, photo F).

Lors du passage du prochain banc de vase, les cheniers créés au cours de la phase d'interbanc se retrouveront fossilisés par le banc et par la végétation de mangrove rapidement colonisatrice. Le sable sera fixé, là aussi, par de la végétation spécifique (courbaril et palmiers Awara par exemple). Lors de la phase d'interbanc suivante, de nouveaux cheniers se formeront en front côtier.

A. Formation de chenier en haut de plage par ségrégation. (Le Guen)
B. Erosion en festons (happen coasts). Mana, 2004 (N. Gratiot)
C. Processus de "washover", Mana, 2004 (F. Dolique)
D. Débordement de dépôts sablo-tourbeux bariolés, Mana, 2004 (F. Dolique)
E. Cordons rompus, rizières de Mana, 2004. (N. Gratiot)
F. Accumulation en cordons successifs Pointe Isère, 2004 (N. Gratiot)

Figure 3-29 : Evolution des cheniers, ouest de la Guyane.

3-3-3 : <u>Les gradins de plage</u>

Des phénomènes d'effondrements de plages ont été observés au contact sable – vase sur les anses de Rémire (en 2002) et Montjoly (2003), (ANTHONY & DOLIQUE, 2006). Cela se caractérise par un affaissement rapide de la surface topographique sableuse, à l'échelle d'une phase de jusant et d'un début de flot soit 6 à 8 heures. Cette subsidence se matérialise soit par des gradins délimités par des lignes de failles, soit par un fossé central dont les bordures sont constituées de lignes de failles aux regards opposés, à l'image d'un modèle réduit de graben. L'énergie des failles est décimétrique à métrique (fig. 3-30). Cette situation se rencontre lorsqu'un prisme sableux, transporté par la dérive littorale, vient se superposer massivement et rapidement au platier vaseux, en stade 2 ou 4 du modèle de circulation de plage exposé en figure 3-15. Le poids du volume sableux vient appuyer sur la vase, qui se tasse et expulse son eau interstitielle. Le sable, matériau incompressible, réagit différemment à ce tassement et un réseau provisoire de fracturations se met alors en place. Lors de la marée haute suivante, les formes disparaissent, lessivées par le flot.

Ce complexe micro-faillé éphémère, à tectonique rapide, reste à ce jour un phénomène encore jamais décrit sur une plage. Ce processus d'ajustement morphologique original ne peut s'observer que si les conditions suivantes sont réunies : (1) une interface sédimentaire tranchée avec une forte variabilité de densité et de compressibilité entre les corps sédimentaires, (2) une dérive sédimentaire longitudinale rapide, de type impulsive, imposant une surimposition sédimentaire, (3) un différentiel de charge largement à l'avantage du corps sédimentaire sus-jacent.

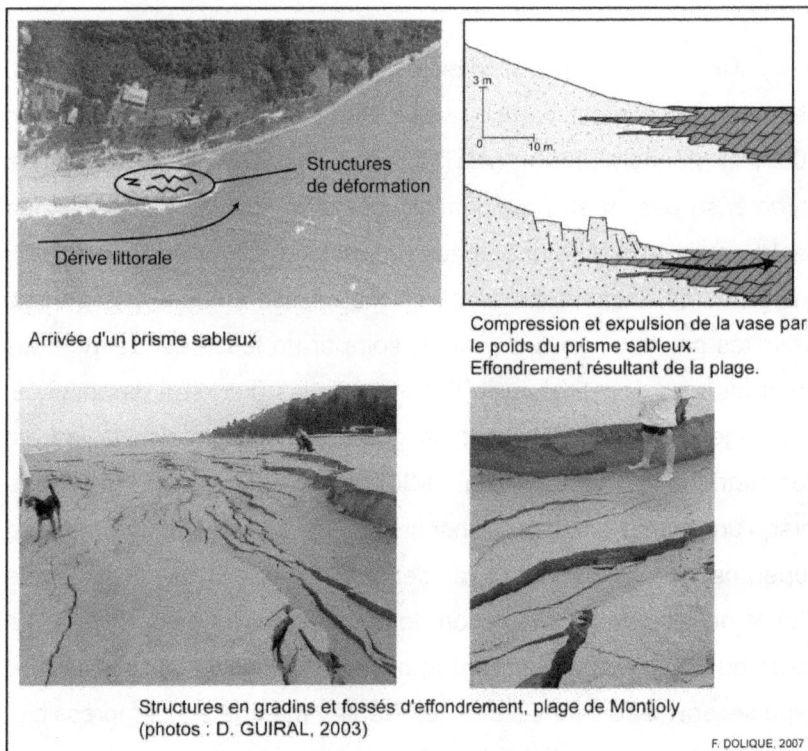

Dérive littorale

Structures de déformation

Arrivée d'un prisme sableux

Compression et expulsion de la vase par le poids du prisme sableux.
Effondrement résultant de la plage.

Structures en gradins et fossés d'effondrement, plage de Montjoly
(photos : D. GUIRAL, 2003)

F. DOLIQUE, 2007

Figure 3-30 : structures d'effondrement de plage en gradins.

3-3-4 : ségrégation sédimentaire par forte énergie

Les plages de Guyane présentent parfois des dépôts noirâtres, particulièrement visibles après des périodes de forte énergie de déferlements. Ces plaquages, surtout identifiables en haut de plage, sont composés de minéraux lourds (Zircon, Staurotide, Epidote, Horneblande, Tourmaline, grenats, Glauconie... témoignages de l'érosion du socle granitique de l'arrière-pays : PUJOS & PONS, 1986 ; DJUWANSAH et al., 1990 ; PUJOS et al.,

2001). Leur forte densité (supérieure à 2,9) permet leur concentration en haut de plage en situation de forte énergie, par ségrégation différentielle et phénomène inertiel. Ces dépôts sont donc les témoins de phases d'agitation marquées. L'analyse stratigraphique de coupes de plage présente des intercalations marquées de lits sableux quartzeux avec des lits de minéraux lourds. Leurs épaisseurs respectives permettent d'estimer la durée des périodes calmes (sables quartzeux orangés) et des périodes agitées (minéraux lourds). Par contre, sur le plan morphologique, cette articulation stratifiée n'a que peu d'incidences dans le paysage.

1 : placage de minéraux lourds en haut de plage, suite à de forts déferlements (Montjoly, 2000, F. Dolique)

2 : niveaux stratifiés de minéraux lourds indiquants une chronologie des phases de forte énergie hydrodynamique (Montjoly, 2000, F. Dolique)

Figure 3-30 bis : ségrégation des minéraux lourds par inertie, plage de Montjoly, Guyane.

Ces quatre exemples montrent comment une articulation morphodynamique, en situation d'interface sédimentaire, peut générer des phénomènes d'adaptation des morphologies et de réorganisations mutuelles des formes entre elles.

Ces particularités connectives sont liées aux réorganisations consécutives aux différences structurales et texturales propres aux sédiments. En premier lieu, l'opposition entre l'incompressibilité du sable et les modulations volumiques importantes des mélanges vase-eau engendrent des relations morphologiques conduisant aux variabilités micro-topographiques, aux inter-stratifications et aux mécanismes d'effondrement des plages en structures micro-faillés. En second lieu, la ségrégation des matériaux, liée aux différences de densités entre les sédiments, induit un contrôle de la formation et de la dynamique des cordons sableux. Les cheniers sont formés par ségrégation du rapport densité sédimentaire / énergie hydrodynamique. Les plages de l'île de Cayenne sont totalement sous l'influence des variations d'énergie et de propagation des champs de houle, eux-mêmes sous la domination du rapport de densité du couple eau / vase.

Ces exemples montrent une fois encore quelle peut être l'importance des interfaces sédimentaires et des articulations morphodynamiques dans la lecture et la compréhension des géomorphologies littorales.

3-4 : <u>ARTICULATIONS « PHYTO-MORPHODYNAMIQUES »</u>

Le concept d'articulation morphodynamique a été défini précédemment comme les influences mutuelles entre deux ou plusieurs unités morpho-sédimentaires. Dans cette partie, nous allons voir un cas particulier d'articulation, dans la mesure où une unité morpho-sédimentaire peut être substituée par un agent biologique, en particulier végétal. En effet, il n'est pas rare que le développement d'une surface ou d'un couvert végétal puisse interférer et influencer la dynamique d'un corps sédimentaire. L'inverse est vrai également. Ce type d'approche peut être assimilé comme émanent de la biogéomorphologie.

Une articulation « phyto-morphodynamique » est donc définie ici comme un lien fonctionnel qui unit un ensemble végétal et un corps sédimentaire dans une optique évolutive. Lorsque l'évolution d'un corps sédimentaire va influencer l'installation et/ou l'évolution d'un ensemble végétal sus-jacent, on parlera d'articulation « phyto-morphodynamique ascendante ». Lorsque, à l'inverse, l'évolution d'une surface végétale va influencer la dynamique d'un corps sédimentaire sous-jacent, on parlera d'articulation phyto-morphodynamique descendante.

3-4-1 : **Articulations phyto-morphodynamiques ascendantes**

3-4-1-1 : *Commandement topographique et colonisation de mangrove : exemples en Guyane.*

En situation de banc, les conditions environnementales (édaphiques, sédimentaires, climatiques, et plus largement écologiques) régissant la colonisation des propagules ont été analysées (FROMARD *et al.* 2004). Parmi les facteurs de forçage, les conditions de commandement géomorphologique semblent jouer un rôle essentiel comme nous l'ont montré les différentes observations qualitatives menées sur le terrain en Guyane. Cette partie se propose d'exposer les résultats de différentes campagnes de détermination des facteurs de forçage topographique, afin de déterminer un niveau seuil théorique de colonisation des propagules de mangrove sur un espace vaseux.

La pointe de Kaw est une flèche qui constitue la terminaison rive droite de l'estuaire du Kaw. Son extension distale est alimentée par des apports sédimentaires issus du transit des bancs de vase en provenance de l'embouchure de l'Amazone. Son orientation SE-NO sur l'alignement côtier est caractéristique de la déviation de la plupart des estuaires guyanais dominés par un système conjugué de dispersions amazoniennes et de dérive littorale orientée vers l'ouest sous l'action du courant Nord-Brésil et surtout de la houle générée par les alizés. Depuis 1998, le banc de kaw, accolé à la pointe estuarienne de la rivière éponyme (fig. 3-31), est étudié par plusieurs chercheurs, sous l'initiative du laboratoire ELISA

(Ecosystèmes LIttoraux Sous influence Amazonienne) de l'IRD à Cayenne.

Il s'agit d'un banc de 18 km de long et 2,5 km de large, dont le transit est en partie bloqué et influencé par la présence de l'estuaire. Le terrain de travail se situe plus précisément à 1 km à l'est de la sortie du fleuve. Cet ensemble vaseux de 0,8 km² a été suivi par 4 campagnes d'acquisition d'images numériques afin de caractériser son évolution géomorphologique, ainsi que la spatialisation et le rythme de la colonisation végétale (DOLIQUE *et al.*, 2001, LEFEBVRE *et al.* 2004).

Le second terrain d'étude, le banc Macouria, situé entre Cayenne et Kourou, présente une morphologie dissymétrique typique des bancs guyanais tels qu'ils ont été décrits par FROIDEFOND *et al.*, (1988). Le corps vaseux mesure 7 km de long et 1,5 km de large à marée basse. La partie supérieure du banc est colonisée par des formations denses d'*Avicennia germinans*. En tête de banc, là où la vase fluide se consolide progressivement, la colonisation par les propagules d'*Avicennia germinans* est rapide (FROIDEFOND *et al.*, 1988 ; GARDEL & GRATIOT, 2004 ; FIOT, 2004).

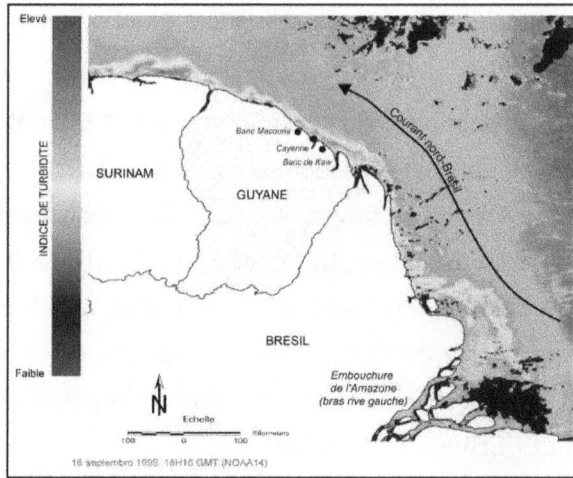

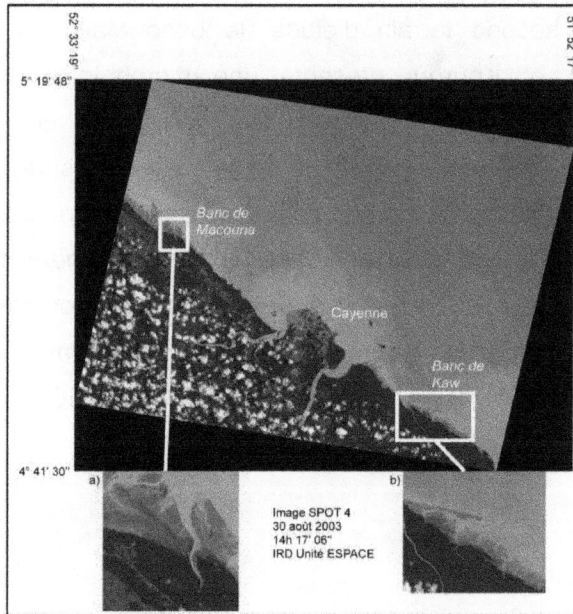

Figure 3-31 : Topographie et colonisation végétale :
localisation des sites d'études.

L'analyse des images numériques du banc de kaw montre
deux fronts de colonisation distincts (fig. 3-32). L'un se trouve sur la
bordure marine du banc, l'autre forme une pointe au centre du banc,

à proximité d'un chenal tidal. Des profils topographiques, réalisés en 2000 et 2001, avaient pour objectif de constater s'il existe un forçage topographique à cette structuration végétale. Le transect A-B (fig. 3-32) montre une dissymétrie classique en situation d'érosion avec une pente douce coté fleuve, puis une pente raide correspondant à un front d'érosion coté mer. La partie colonisée par *Avicennia germinans* correspond à un seuil supérieur à 0,5 m (estimé NGG). Le transect C-D montre une petite butte au centre du banc, au niveau de la pointe colonisée, ainsi qu'un front marin terminal. Là aussi, pour chaque section colonisée par les pousses de palétuviers, le seuil altitudinal correspond à une élévation supérieure à 0,5 m (DOLIQUE *et al.*, 2002 ; DOLIQUE *et al*, 2005).

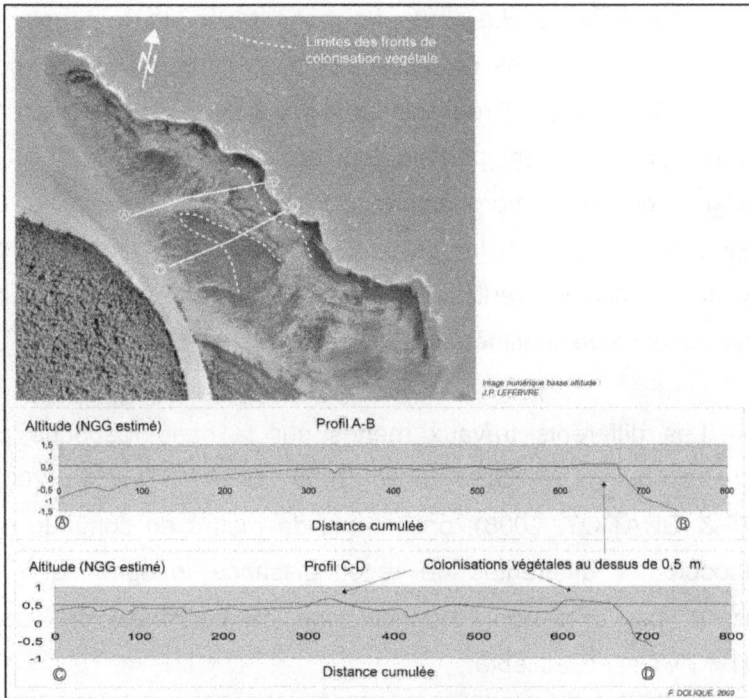

Figure 3-32 : Profils topographiques sur la vasière de Kaw. Profil A-B : novembre 2000 ; profil C-D : avril 2001.

Une observation détaillée des différentes images (photographies aériennes, images satellitales) disponibles au centre de télédétection de l'IRD à Cayenne a permis de mettre en évidence une morphologie de bourrelets localisés sur le flanc marin du banc. Ces bourrelets se constituent par le déferlement des vagues dont l'énergie tend à repousser la vase. Celle-ci s'accumule alors et se consolide progressivement par le jeu de la dessiccation de la vase à marée basse pour former des structures ondulées parallèles au trait de côte. Dans le cas de Kaw, la formation initiale du banc a certainement permis de voir se former un premier bourrelet correspondant à la pointe centrale, puis un second apport de vase a isolé cette première forme et un second bourrelet s'est formé au contact de la houle. La visite du banc Macouria a permis de retrouver ce même type de morphologie en sortie d'estuaire, coté mer. Les différents MNT réalisés sur le site à partir d'outils différents (voir plus bas) mettent parfaitement en évidence la structuration longiligne de cette morphologie. Là aussi, ce bourrelet a été rapidement colonisé par les propagules *d'Avicennia germinans*. En moyenne, l'amplitude verticale minimale de ces formes est de l'ordre d'une trentaine de centimètres.

Les différents travaux menés sur la banc Macouria par plusieurs équipes (PROISY *et al.*, 2005 ; GRATIOT *et al.*, 2006 ; FIOT & GRATIOT, 2006), ont permis de mettre en commun des méthodologies différentes de reconnaissance topographique du banc, et par extension, d'identification de bourrelets de vases (ANTHONY *et al.*, accepté).

Une première méthode de détermination de la topographie d'un banc de vase a été tentée via la télédétection optique. En partant du principe que le contact entre l'eau et le sédiment à un moment donné de la marée nous donne la hauteur de ce contact en la corrélant avec une courbe d'un marégraphe proche, il est possible de réaliser un MNT à partir de plusieurs images satellitales en importante série répétitive acquises à des hauteur d'eau différentes (MASON *et al.*, 1995). Six scènes SPOT (SPOT 4 et 5, résolutions comprises entre 10 et 20 m) étaient disponibles entre le 13 août et le 19 septembre 2003 (GRATIOT *et al.*, 2006). Le contact eau-sédiment est alors digitalisé pour chaque image et relié à la hauteur de marée du jour par un petit modèle d'interpolation couplant les données du marégraphe le plus proche du banc (îles du Salut, au large de Kourou), et corrélé à la courbe obtenue *in situ* par un capteur de pression. Cette méthode reste assez imprécise du fait de la difficulté d'interpréter facilement le contact vase-eau, des possibles variations locales du niveau d'eau (surcotes liées au vent et autres forçages…), de l'approximation du niveau altitudinal lié au calage marégraphique qui reste imparfait. Cependant, cette méthode permet d'obtenir une bonne caractérisation de la topographie globale à l'échelle de l'ensemble du banc. La méthode a donné de bons résultats sur la caractérisation globale du banc (fig. 3-33). On peut y lire facilement les morphologies longitudinales de front marin mais l'échelle spatiale est insuffisante pour y préciser finement l'altitude et l'amplitude verticale.

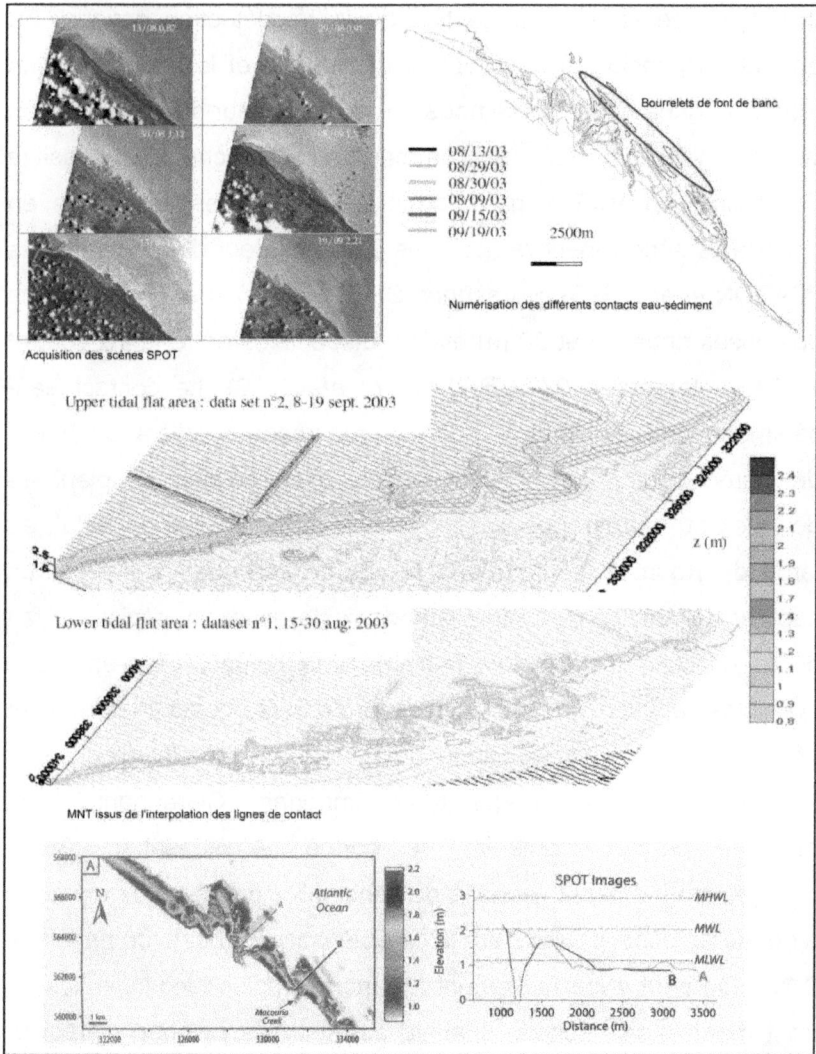

Figure 3-33 : Modèles numériques de terrain réalisés à partir de l'imagerie satellitale optique. Banc Macouria (d'après GRATIOT *et al.*, 2006 ; ANTHONY *et al.*, 2008, ANTHONY *et al.*, 2010).

Le problème de résolution a été en partie résolu par la méthodologie du LIDAR. Dans le cadre du CPER Guyane 2000-

2006, un travail de caractérisation de la structure forestière a été mené par l'IRD et le CIRAD (PROISY *et al.* 2005). Des mesures laser aéroportées ont pu être effectuées par la société ALTOA. L'altimétrie laser à balayage est réalisée à partir d'un hélicoptère où un faisceau laser est envoyé au sol, l'écho est récupéré et la célérité mesurée. Les niveaux altitudinaux sont ensuite interpolés sur la base des donnés de deux GPS bi-bandes travaillant à partir de l'ellipsoïde WGS 84. Le semis de points obtenu permet ensuite de réaliser un modèle numérique de terrain par interpolation (krigeage). Le point fort de cette méthodologie est de pouvoir lever précisément de grandes surfaces tout en s'affranchissant de la végétation (GALISSON *et al.*, 2001).

Les levés ont été acquis les 26 et 27 octobre 2004 sur le banc Macouria. Les résultats donnent une précision au sol de l'ordre de 20 cm.   Un premier modèle numérique textural (figure 3-34b) permet de visualiser une bordure marine longitudinale de colonisation. La teinte foncée correspond à de la vielle mangrove. La teinte très claire correspond à de la vase nue. Les teintes intermédiaires coïncident avec des arbustes et des pousses de très jeunes palétuviers. On se rend compte alors que les arbres ayant colonisé la bordure longitudinale sont d'une génération antérieure à ceux de la dépression intermédiaire. Le modèle numérique d'élévation, obtenu au-dessus de la vasière de Sinnamary (figure 3-34c) permet là aussi d'identifier très nettement la morphologie longitudinale et d'établir une nouvelle fois la corrélation entre l'amplitude altitudinale (quarantaine de centimètres) et la colonisation par les propagules. Le profil obtenu des données du MNT en composition colorée (figure 3-34d) permet d'identifier le bourrelet et quantifier son amplitude.

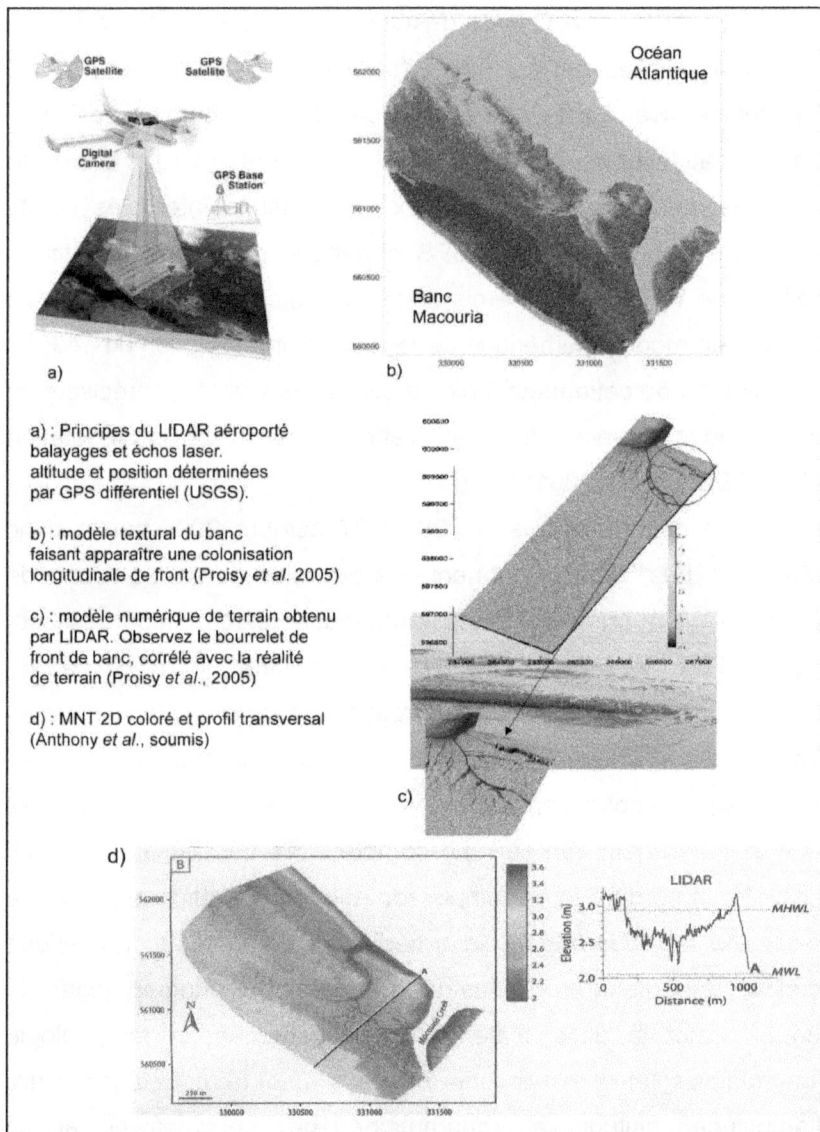

a) : Principes du LIDAR aéroporté
balayages et échos laser.
altitude et position déterminées
par GPS différentiel (USGS).

b) : modèle textural du banc
faisant apparaître une colonisation
longitudinale de front (Proisy et al. 2005)

c) : modèle numérique de terrain obtenu
par LIDAR. Observez le bourrelet de
front de banc, corrélé avec la réalité
de terrain (Proisy et al., 2005)

d) : MNT 2D coloré et profil transversal
(Anthony et al., soumis)

Figure 3-34 : Topographie levée par LIDAR aéroporté, banc Macouria, octobre 2004
(d'après PROISY et al., 2005 ; ANTHONY et al., 2008 ; 2010)

Une reconnaissance topographique plus fine a été effectuée sur ce banc au moyen d'une station totale tachéomètre à acquisition infra-rouge. Ce matériel professionnel permet d'atteindre une précision millimétrique. En l'absence de points de raccordement dans cette partie de la Guyane, nous avons estimé un zéro de référence à partir d'un marégraphe à capteur de pression qui nous a donné une courbe où l'on peut extraire le niveau de mi-marée, correspondant approximativement au zéro des cartes IGN (NGG : nivellement Général de Guyane). Nous avons choisi d'établir un modèle numérique de terrain (MNT) sur une portion limitée mais représentative du banc (juin 2003), (fig. 3-35). La principale limitation de cette méthode est la difficulté de maintenir une stabilité de l'appareil dans des conditions de substrat extrêmement meuble. Cependant, la marge d'erreur finale des transects reste inférieure à 10 cm ce qui est très satisfaisant pour ce genre de terrain.

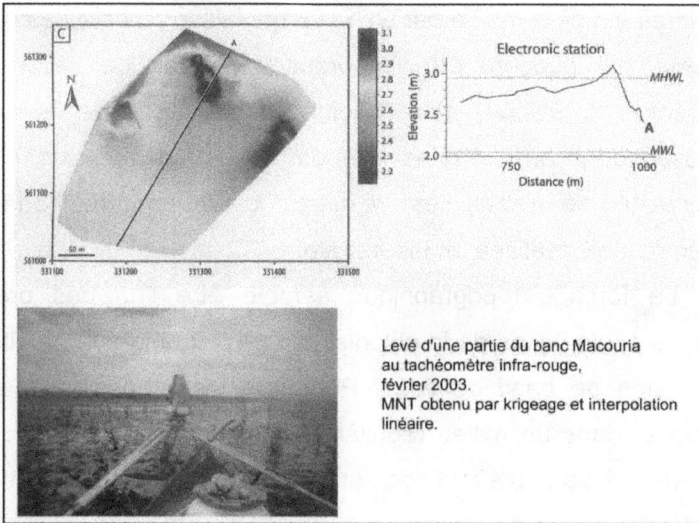

Levé d'une partie du banc Macouria au tachéomètre infra-rouge, février 2003.
MNT obtenu par krigeage et interpolation linéaire.

Figure 3-35 : Modèle numérique de terrain levé sur la vasière de Macouria (juin 2003). En rouge : bourrelet longitudinal de front de banc (issu et modifié de ANTHONY *et al.*, 2008 ; 2010)

Si la corrélation entre la topographie et la colonisation végétale est parfaitement mise en évidence à partir de l'exemple de kaw, la détermination du niveau de seuil est loin d'être avérée. Sur des terrains aussi difficiles d'accès que les bancs de vase, établir un raccordement sur un référentiel topographique est une gageure. Et trouver un système de raccordement commun entre les différents sites et les différentes méthodologies est encore plus difficile. Cheminer à partir d'un point géoréférencé (en bordure de route par exemple) est impossible à partir de ces sites. La topographie de Kaw a pu être raccordée à partir d'un niveau moyen de marée de fort coefficient en disposant d'un capteur de pression, afin d'en extraire un zéro relatif proche du NGG. Le MNT issu de la télédétection optique ne peut être référencé qu'à partir du zéro hydrographique (niveau des plus basses mers), graduation utilisée par les marégraphes. Enfin, en ce qui concerne le lidar, l'altitude de l'appareil est déterminée par GPS, ce qui laisse place à des marges d'erreur qui peuvent être importantes du fait de l'écart entre l'ellipsoïde (WGS 84) et le géoïde (forme réelle de la surface) correspondant aux terrains d'étude. Dans ce contexte, il était nécessaire de relier ces résultats avec une méthode plus expérimentale réalisée en laboratoire.

Le forçage topographique semble être l'un des premiers facteurs écologiques de la colonisation de la mangrove en situation d'accrétion de banc de vase. Pour que les propagules puissent s'installer dans un milieu régulièrement recouvert par la marée, il faut un niveau plafond de stabilité, aussi bien sur le plan sédimentaire qu'hydrodynamique. Les variations micro-morphologiques du banc induisent des évolutions altitudinales agissant comme des niveaux seuils à la structuration du substrat vaseux, opérant elle-même sur l'organisation des processus de colonisation des propagules.

Les micro-morphologies observées et mesurées dans ce travail résultent d'un premier forçage, d'ordre hydrodynamique. Ces structures longitudinales se repèrent le plus souvent en front de banc, sous l'emprise directe des déferlements de houles. Sous la pression répétée des vagues, la vase fluide s'accumule et se comprime, provoquant un renflement d'une vingtaine à une cinquantaine de centimètres. Cette forme se fige assez rapidement par l'action desséchante du soleil à marée basse. On peut également trouver ce type de morphologie en bordure de fleuve, au contact entre l'embouchure et le banc (lignes bleutées de colonisation végétale visibles sur l'image de la figure 3-31). Le forçage est lié au plaquage du flux sur une rive concave en situation de méandre. Il reste à déterminer à partir de quel niveau altitudinal la dessiccation va pouvoir s'effectuer afin d'avoir une consolidation suffisante. Durant trois mois, des cycles d'immersion – exondation ont été simulés en laboratoire au sein de colonnes correspondant à des altitudes différentes de la zone intertidale du banc. La réponse de la vase au tassement a été mesurée en fonction de certains critères rhéologiques (FIOT, 2004). Les résultats montrent l'influence majeure des temps d'exondation sur la structuration et la consolidation de la vase, avec un niveau « seuil expérimental » estimé à 2,45 m (cote hydro, voir fig. 3-36) en dessous duquel les conditions favorables à l'établissement de la mangrove ne sont pas réunies (FIOT & GRATIOT, 2006). En dessous de cette altitude, les concentrations de vase sont inférieures à 650 g/l. niveau à partir duquel on considère que la vase est fluide (FIOT, 2004). L'analyse de la figure 3-36 montre un signal de marée correspondant au modèle du SHOM (Service Hydrographique et Océanographique de la Marine) au marégraphe de Cayenne. Le niveau de mi-marée (correspondant au zéro NGG) a été répertorié ainsi que le « seuil expérimental » (2,45 m soit un niveau intermédiaire entre le niveau de mi-marée et le niveau moyen des pleines mers de morte-eau) et le niveau de seuil mesuré au tachéomètre sur le banc de Kaw (0,5 NGG, soit 2,65 en CM). Ces deux valeurs nous permettent d'avoir une enveloppe de seuil assez fiable autour de la valeur 2.55 m CM.

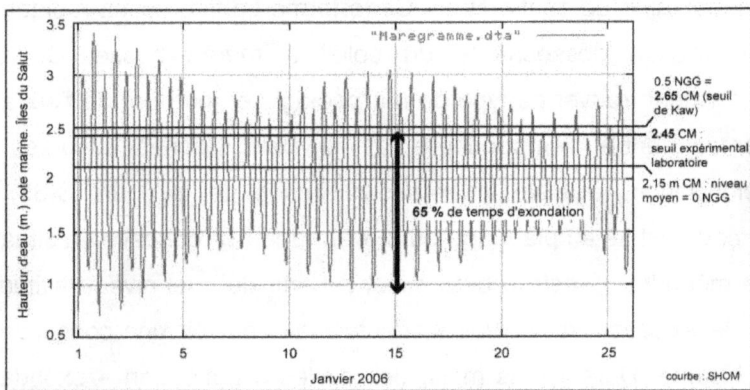

Figure 3-36 : position des seuils topographiques par rapport à la courbe de marée.

A partir de ces valeurs, il semble acquis de pouvoir affirmer que le seuil de colonisation des propagules de mangrove se situe autour d'un temps d'exondation de 65 %, soit environ un tiers du temps du cycle de marée sous l'eau.

Lorsque la situation topographique permet d'obtenir ce rapport de deux tiers / un tiers du cycle émersion – immersion, la vase dispose d'une période suffisante pour se consolider dans un premier temps, puis se craqueler par dessiccation dans un second temps.

Ces fentes de dessiccation (fig. 3-37) constituent un cadre favorable au piégeage des propagules qui peuvent alors germer et s'enraciner dans des densités très importantes.

108

Figure 3-37 : Piégeage des propagules d'*Avicennia germinans* par les fentes de dessiccation (banc Macouria, 2003).

Ces diverses observations de terrain ont permis de mettre en évidence la relation très nette entre la structuration, notamment topographique, du substrat vaseux et la colonisation des propagules de palétuviers. Quelle que soit la méthodologie d'identification topographique choisie (tachéomètre, profils et MNT, images satellitales optiques, LIDAR), on a pu observer des structurations topographiques de front de banc. Ces micro-morphologies longitudinales, d'amplitude correspondant à une trentaine de centimètres en moyenne, sont formées par un forçage d'origine hydrodynamique impulsant une pression sur la vase en cours de consolidation. Sur tous les sites d'observations, nous avons pu mettre en évidence une corrélation entre ces morphologies et la colonisation végétale, qui est préférentielle au sommet de ces formes. Cependant, la difficulté d'établir un référentiel commun, stable et fiable ne permet pas de disposer d'un seuil altitudinal absolu. Malgré les fortes variations spatiales et temporelles qui différencient certains sites, on peut établir une relation directe entre la structuration morphosédimentaire et les temps d'émersion.

Relation dont le facteur principal est le niveau altitudinal de la vasière.

Nous avons encore besoin d'affiner cette notion de seuil en multipliant les mesures de terrain avec un référentiel absolu et en déterminant l'influence de l'humectation par les pluies, facteur non pris en considération ici.

La compréhension de ces processus est essentielle pour bien appréhender le fonctionnement général des mangroves du système littoral Amazone – Orénoque.

3-4-1-2 : *Articulation phyto-morphodynamique par déstabilisation : exemple de Dapani, Mayotte.*

Le littoral de l'île de Mayotte (archipel des Comores, Océan Indien) est essentiellement composé de caps rocheux volcaniques et de baies sablo-vaseuses au fond desquelles se sont installées des massifs de mangrove. L'île est entourée d'une barrière récifale de 197 km de circonférence, isolant un vaste lagon de 1 500 km².

Les observations de terrain et l'analyse de photographies aériennes menées depuis les années 60 ont permis de mettre en évidence une évolution nettement régressive des mangroves situées au sud et à l'ouest de l'île (THOMASSIN, 1990 ; LEBIGRE, 1997 ; DOLIQUE & JEANSON, 2006). Inversement, les mangroves du nord et de l'est sont moins dynamiques. En dehors de la déstructuration des populations de palétuviers et du très net recul des fronts, les sédiments, jusque là fixés par les racines des arbres, sont remis en suspension et en circulation, ce qui modifie la structure de l'estran. Les causes de cette évolution régressive au sud et à l'ouest de l'île sont multiples et discutées. Certains sites ont été sensibilisés par la déforestation (ancienne comme à Soulou, plus récente comme M'zouazia). Cependant, le phénomène est sectorisé et semble se produire avec un impact plus significatif durant l'hiver austral. Ces évolutions sont donc très certainement à relier avec les influences des agents météo-marins, en particulier une augmentation supposée de l'intensité de ces facteurs sur les cinquante dernières années. Le facteur anthropique n'est qu'aggravant dans la plupart des cas.

Pour déterminer une éventuelle responsabilité météo-marine dans cette sectorisation de l'érosion, nous avons traité des séries statistiques de vent et de houles (JEANSON, 2005). Les données de vent ont été obtenues à partir des fichiers de Météo-France à Mayotte, sur la période 1984-2003 ; et les données de houle ont été extraites du modèle européen ERA-40 à partir des analyses globales de la vitesse du vent au contact avec la mer (U_{10}) et des hauteurs significatives (Hs) observées et interpolées, sur la période 1957-2002.

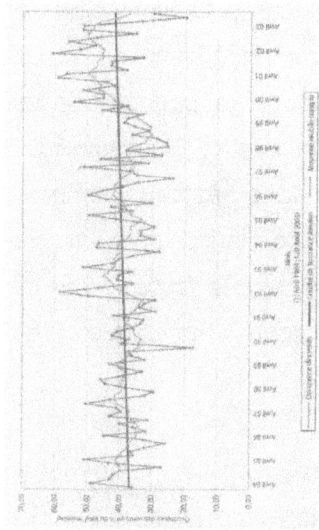

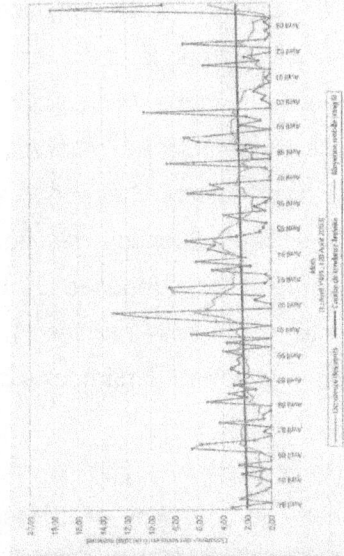

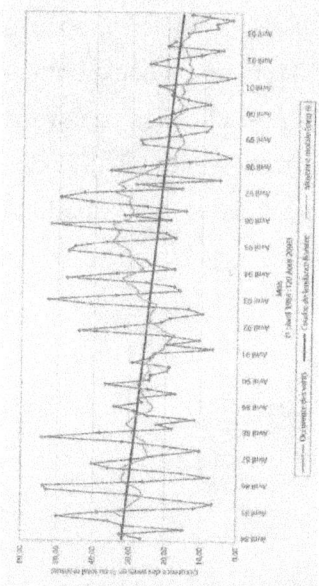

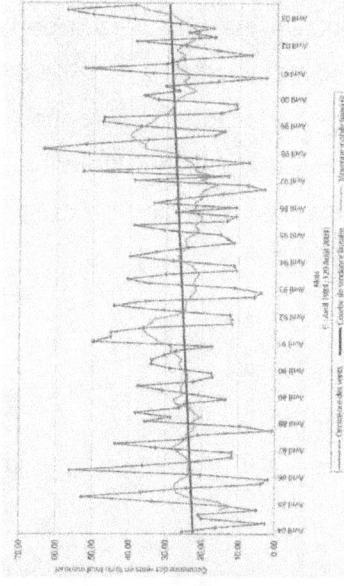

Figure 3-38 : Evolution de l'occurrence des vents dans le secteur sud-ouest de l'île de Mayotte. Station de Pamandzi, avril 1984 à août 2003 (d'après JEANSON, 2005)

La figure 3-38 montre, à partir des données d'occurrence des vents, une augmentation significative des fréquences de vent de 2 à 8 m/s et > 8 m/s dans la partie quadrant sud-ouest de l'île (140-260 °), au détriment des vents les plus faibles (< à 2 m/s). La figure 3-39 présente la synthèse de l'évolution des Hs, montrant une tendance évolutive à la hausse dans le canal du Mozambique, subissant l'influence de l'augmentation constatée des hauteurs de houle dans l'océan circumpolaire austral.

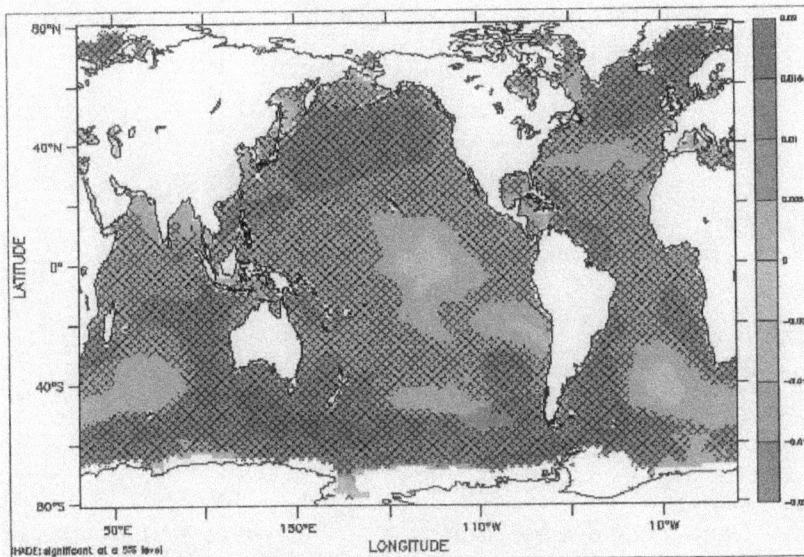

Figure 3-39 : Tendance évolutive annuelle de la hauteur des houles significatives. Issu du modèle ERA 40, période 1958-2001.

Comme la plupart des mangroves du sud et de l'ouest de Mayotte, la mangrove de Dapani (fig. 3-40) subit une forte régression de sa superficie depuis une cinquantaine d'années (ROBBE, 2000 ; HOLLEY, 2003 ; BESSON, 2005 ; JEANSON, 2005 ; JEANSON et al., 2006).

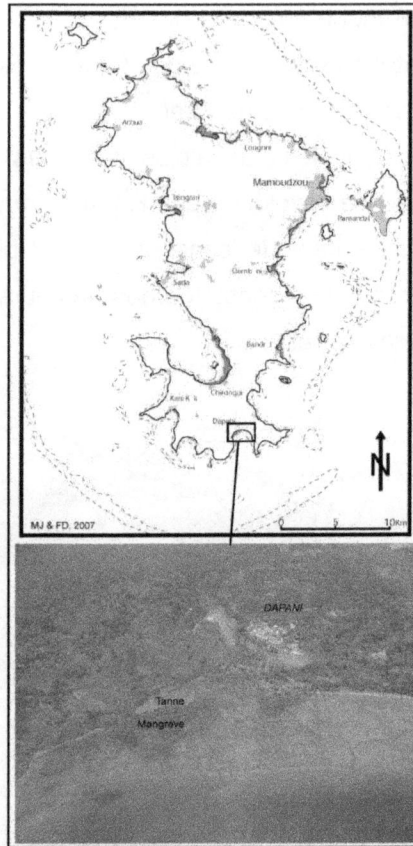

Figure 3-40 : Localisation de la mangrove de Dapani.

Cette mangrove est composée de *Sonneratia alba* en front, et d'une formation dense de *Rhizophora mucronata*. Une tanne, située en position arrière, est en partie colonisée par *Avicennia marina*. La surface totale de la mangrove est en constante diminution depuis 1949 (fig. 3-41) où elle mesurait un peu plus de 20 ha. Aujourd'hui, il ne reste plus que moins de 7 ha (BESSON, 2005).

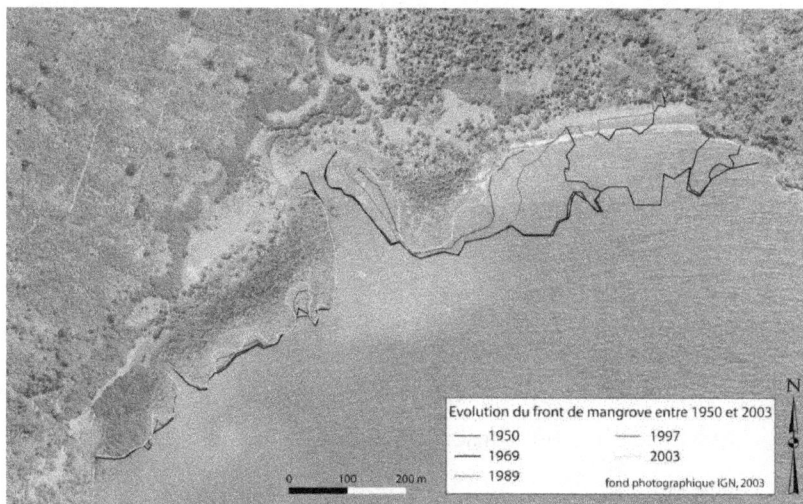

Figure 3-41 : Evolution du front de mangrove à Dapani, entre 1950
et 2003 (d'après JEANSON *et al.*, 2006).

L'analyse cinétique des photographies aériennes de 1950,
1969, 1989, 1997, et 2003 (aimablement mis à notre disposition par
la D.A.F. de Mayotte) a permis de mettre en évidence un net recul
transversal entre 1950 et 1969 ; puis une évolution longitudinale
vers l'ouest depuis le début des années 70. Cette translation se
produit encore aujourd'hui. Cette dynamique a certainement été
initiée par une coupe des arbres par les villageois, ce qui a
contribué à fragiliser le massif à l'est de la baie. Le mouvement
régressif a ensuite pu se poursuivre à cause d'une agitation plus
importante à l'est de l'anse (visible sur la figure 3-41) liée à une
ouverture aux houles de secteur sud plus importante (58°) dans ce
secteur de la baie (BESSON, 2005).

La disparition progressive des palétuviers a contribué à
réorganiser la structuration sédimentaire de l'estran. Un modèle de
fonctionnement peut être défini en 5 stades (fig. 3-42) :

- Stade 1 : La mangrove est déstabilisée par des coupes de bois, par une augmentation contemporaine du régime énergétique des houles ou par les deux phénomènes concomitants.
- Stade 2 : la mangrove recule par évacuation de la vase, les racines des palétuviers n'ont plus de substrat pour se fixer, les arbres tombent.
- Stade 3 : Le sable, resté en place sur l'estran, migre progressivement vers la côte sous la forme de barres.
- Stade 4 : un cordon de sable se constitue en haut de plage.
- Stade 5 : Une dérive littorale dirigée vers l'ouest va imprimer une migration du sable vers la mangrove encore en place. Celle-ci va rapidement se trouver étouffée par l'ensablement des rhizomes et va dépérir.

Ce phénomène, observé à l'est de la baie, gagne progressivement l'ensemble de l'anse.

A travers ces exemples, on peut constater qu'un mécanisme d'évolution hydro-sédimentaire peut influencer, de façon parfois globale et durable la mécanique de colonisation, de répartition et de disparition d'un ensemble végétal. Une poussée sédimentaire de nature accumulatrice peut forcer une colonisation végétale et orienter son développement, comme pour le littoral amazonien. On peut constater également qu'un forçage externe (naturel ou anthropique) venant perturber un système littoral en équilibre, peut engendrer un remaniement total des distributions végétales et sédimentaires. Dans le cas de Dapani, la disparition du substrat vaseux et de sa mangrove sus-jacente, suite à un forçage extérieur, provoque une

réorganisation actuellement en cours des répartitions sédimentaires et la mise en place de nouveaux systèmes de fonctionnement morphodynamiques. Ce déséquilibre semble durablement *univoque*, sans réelle possibilité de résilience.

Figure 3-42 : évolution de l'estran en baie de Dapani.

117

3-4-2 : <u>Articulations phyto-morphodynamiques</u> <u>descendantes</u>

3-4-2-1 : *Plante invasive et agradation sableuse en Baie de Somme.*

La Spartine anglaise (*Spartina anglica* ou Spartine de Townsend : *Spartina towsendii*) est apparue en Baie de Somme vers 1984 (DOLIQUE & BASTIDE, 2003 ; BASTIDE & DOLIQUE, 2005). On observa les premiers peuplements en France en 1906 en Baie des Veys, puis sur les côtes armoricaines. Elle atteindra le Mont Saint-Michel en 1925 puis colonisera les estuaires de la Manche dans les années 70 et 80. Cette plante a été décrite en Angleterre en 1870 et est issue d'un croisement d'espèces indigènes et exotiques (*Spartina maritima* : espèce afro-européenne et *Spartina alterniflora* : Amérique), (GUENEGOU & LEVASSEUR, 1988 ; RAYBOULT *et al.*, 1991). C'est une herbe vivace de la famille des graminées. Halophile, elle à tendance à s'implanter en sommet d'estran, en particulier sablo-vaseux. Associée aux schorres, on lui prête une forte capacité de reproduction et d'adaptation, un potentiel de fixation des sédiments et une propension à la mono-spécificité.

Depuis une vingtaine d'années, les herbus ont beaucoup progressé en Baie de Somme ainsi que les Spartines, notamment dans le nord de la baie, à proximité de l'embouchure de la Maye. Son implantation est une conséquence de l'ensablement de la baie puisqu'il lui faut un certain seuil altitudinal par rapport à la marée pour son développement, ce qui représente un exemple d'articulation phyto-sédimentaire ascendante. Mais elle peut à son tour concourir à l'exhaussement des fonds en dissipant l'énergie des houles et des courants et en participant à la fixation des sédiments.

Elle va alors contribuer à l'amplification de la sédimentation à l'échelle de la baie. Il semblerait que l'expansion de l'espèce se soit accélérée ces dernières années en baie (30 ha en trois ans), (BASTIDE, 2002).

Dans le nord de la Baie de Somme, il a été démontré que là où elle se développe, la Spartine provoque une baisse de la biomasse du macrozoobenthos (SOURNIA *et al.*, 2000) et dans d'autres sites, une baisse de la fréquentation de l'avifaune (GOSS-CUSTARD & MOSER, 1990).

En 1997, de premières expérimentations ont été menées par le GEMEL Picardie et l'INRA afin d'étudier la possibilité de contrôle du développement de la plante (LE GOFF, 1999). D'autres expérimentations ont débuté ensuite, dès 1999, dirigées par le *SMACOPI* (SOURNIA *et al.,* 2000), sous le regard d'un comité technique composé de spécialistes. Suite à la réunion du comité technique en date du 29 septembre 2000, il a été convenu une expérimentation à plus grande échelle ainsi qu'un protocole d'intervention et de suivi (FAGOT *et al.*, 2001). Le principe repose à supprimer la Spartine sur des parcelles témoin à partir d'épandages chimiques ou par excavation mécanique à l'engin (fig. 3-43). Dans ce cadre, il était nécessaire de réaliser un certain nombre de mesures topographiques, sédimentaires et hydrodynamiques afin de comparer les évolutions des différentes zones (enherbées et nues) et d'estimer le rôle de la Spartine dans l'évolution de l'estran.

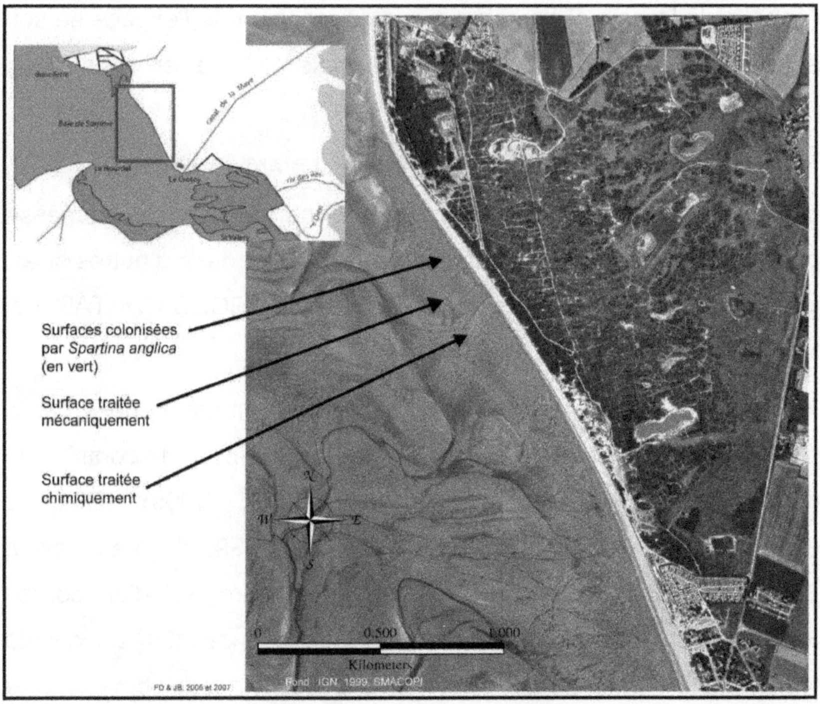

Figure 3-43 : Localisation des surfaces colonisées par *Spartina anglica* en baie de
Somme et surfaces traitées.

Dans le cadre d'une caractérisation topographique du secteur,
huit profils calés en IGN 69 ont été levés en avril 2002 et réitérés en
octobre 2002. La comparaison des profils montre que les surfaces
traitées sont déprimées d'une trentaine de centimètres en moyenne
par rapport aux surfaces végétalisées. Ce différentiel est
particulièrement net à l'observation des MNT (fig. 3-44). Le secteur
de levé se localise à l'interface entre une surface colonisée par la
Spartine et la surface traitée mécaniquement. L'altitude moyenne de
la parcelle traitée est d'environ de 4,5 m IGN 69, alors que la
parcelle en Spartines est de 4,725 m IGN 69. La topographie ne
correspond pas à une « rampe » amont-aval mais à un plateau,

avec des zones plus basses (zone traitée mécaniquement) et plus hautes (zone témoin en Spartines), dans lequel s'imprime le réseau hydrographique. Le seuil de différence altitudinal est net. Cette différence est liée à la capacité des touffes de Spartine à piéger le sable en dissipant l'énergie des vagues et des courants. En effet, Le développement des Spartines entraîne des modifications dans la sédimentation. Cette plante stabilise et consolide les vasières sur lesquelles elle s'installe et elle accélère les dépôts sédimentaires. La Spartine renforce la cohésion du sol par ses rhizomes et racines, tandis que les tiges aériennes et les feuilles retiennent les particules sédimentaires transportées par le flot. Sur les zones traitées mécaniquement, les sédiments ne sont plus piégés par la végétation halophile. Le relief de cette zone est extrêmement plat comparé aux secteurs en Spartines. L'implantation des Spartines au niveau de la haute slikke entraîne habituellement une micro-érosion, puis un phénomène d'accrétion lorsque les clones atteignent un diamètre supérieur à 50-60 cm. Cette accrétion prend des dimensions inhabituelles chez ces plantes dont le taux moyen d'accrétion est de 5 à 25 cm/an, alors que pour d'autres plantes réputées pour leur accrétion les taux restent moindres, comme la Salicorne (1 à 3 cm/an), (CAILLIBOT, 1990). Cette efficacité à piéger les sédiments, la Spartine le doit à la robustesse de ses touffes, à son feuillage dense et à ses rhizomes traçants. En retenant les sédiments, la Spartine contribue à élever le niveau topographique des fonds du Crotoy et prépare plus ou moins rapidement l'extension d'un schorre linéaire au fond de la Baie de Somme.

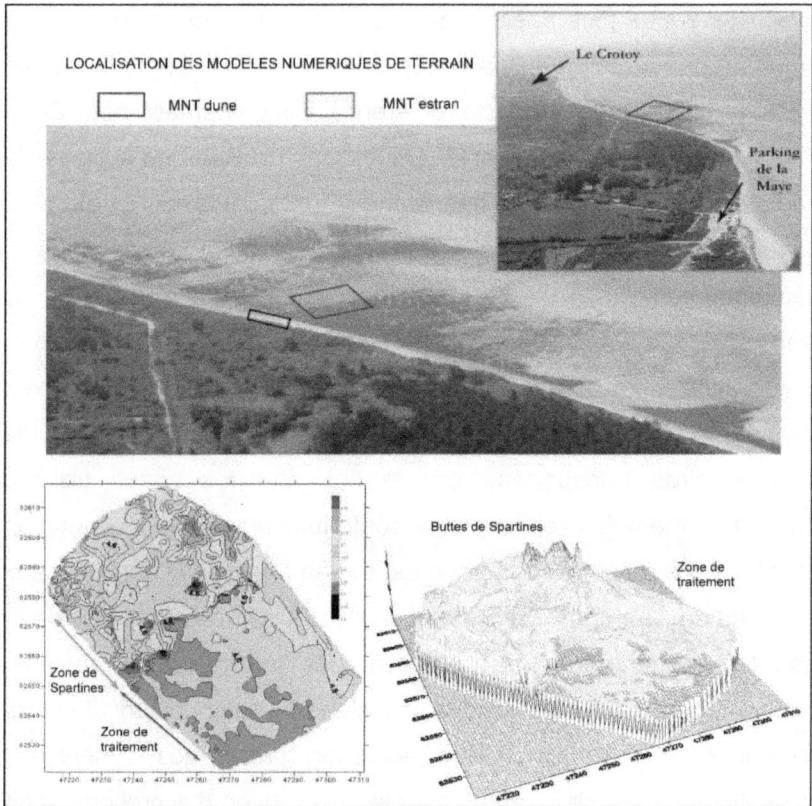

Figure 3-44 : Différentiel altimétrique entre une surface colonisée par la Spartine et une surface nue (d'après DOLIQUE & BASTIDE, 2002).

Certes, la Spartine contribue à renforcer et accélérer la sédimentation d'estran en fond de baie ; mais elle joue aussi un rôle fondamental de protection du trait de côte, en particulier pour les pieds de dune. L'analyse des MNT réalisés sur la dune en arrière des surfaces végétalisées et traitées (voir localisation en fig. 3-44) confirment cette tendance (fig. 3-45). Le front dunaire montre très nettement une érosion du front de dune au droit des zones traitées, comme le confirme les encoches visibles sur les photographies aériennes et les MNT. L'éradication de la Spartine a donc été, à un moment donné, dommageable à la dune car le tapis végétal de Spartine a tendance à dissiper l'énergie des houles. Cette érosion s'est certainement produite lors de fortes houles de tempête, lors de forts coefficients, alors que la houle avait la compétence suffisante pour déferler sur la base de la dune. Cet événement est assez rare sur le plan de la fréquence et on peut considérer cette encoche d'érosion dunaire comme une forme d'occurrence exceptionnelle. Il convient d'observer l'évolution de cette encoche sur le plus long terme au cours de conditions modales afin de vérifier si, au contraire, l'absence de Spartine ne sera pas favorable à un retour du sable vers la base de la dune par déflation éolienne.

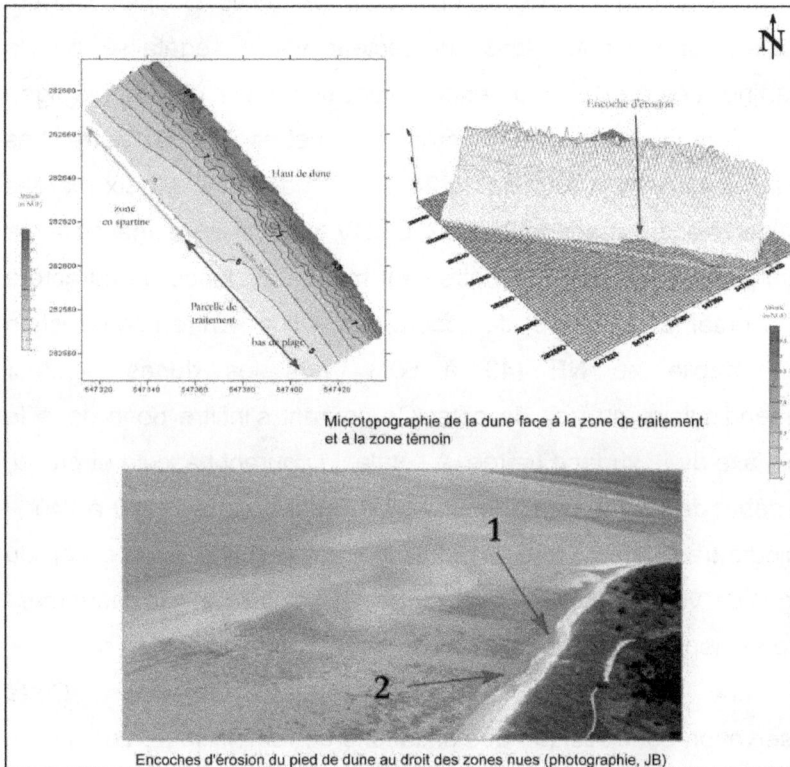

Microtopographie de la dune face à la zone de traitement et à la zone témoin

Encoches d'érosion du pied de dune au droit des zones nues (photographie, JB)

Des données hydrodynamiques et sédimentologiques ont été acquises en mai 2005, en complément des données topographiques. Il s'agissait de caractériser le potentiel de dissipation et de piégeage des Spartines et de mieux déterminer le sens dominant des flux hydro-sédimentaires. Un courantomètre-houlographe « S4 InterOceans » électromagnétique à capteur de pression a été posé en entrée de baie afin de caractériser les flux entrants en zone d'étude. Un ADV (Acoustic Doppler Velocimeter) a été placé dans la zone nue traitée chimiquement (parcelle 2 de la photo de la figure 3-45) et un ADCP (Acoustic Doppler Current Profiler) fut implanté dans un secteur voisin végétalisé par la Spartine. Les deux instruments étaient situés sur une même ligne parallèle à la côte, à une vingtaine de mètres l'un de l'autre. Les mesures se sont déroulées du 24 au 27 mai 2005, sur six marées de coefficients variant de 87 à 92. L'ADV, placé sur la surface traitée chimiquement en 1999, a nettement mis en évidence un caractère transversal (cross-shore) des courants. Le flot montre une direction bien établie au NE (40 à 60°), vers les dunes, vecteur perpendiculaire au trait de côte. Ce courant s'infiltre donc dans le plein axe de la surface traitée. A l'étale, le courant bascule et prend, en début de jusant, une direction totalement opposée (220 à 240°), toujours transversale (cross-shore) mais cette fois-ci en direction du large. La vitesse du courant montre un flot rapide (classiquement inversement proportionnelle à sa durée) pour s'annuler à l'étale, puis une vitesse plus lente mais régulière au jusant. Cette observation est classique des situations de remplissage, comme on peut l'observer à d'autres échelles, dans une baie, un estuaire ou un bassin de chasse par exemple. Le spectre de données issu de l'ADCP (placé en section végétalisée) montre une très faible vitesse de courant (qui descend régulièrement en dessous des seuils de mesures) et des directions très variables et inconstantes. Ces résultats démontrent la forte capacité de la végétation en général, et des Spartines en particulier, à dissiper l'énergie hydrodynamique et à perturber ses flux directionnels (fig. 3-46).

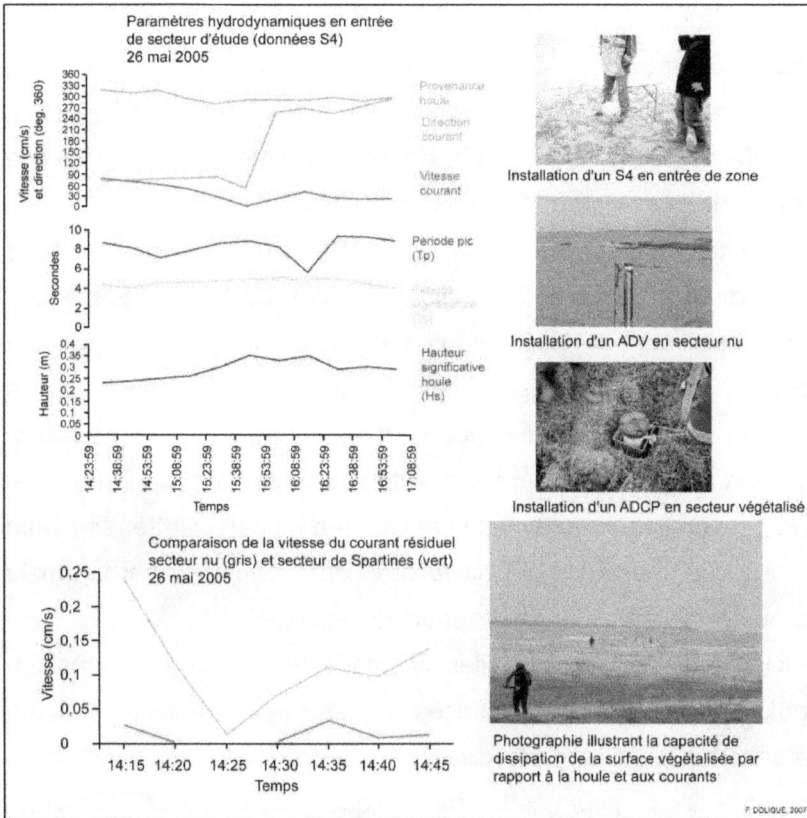

Figure 3-46 : Mesures hydrodynamiques mettant en évidence la dissipation de l'énergie du courant résiduel par les Spartines. (adapté de BASTIDE & DOLIQUE, 2005).

Des pièges sédimentaires de type KRAUSS (chaussettes de nylon installées en situation cardinale sur une cage métallique) ont été placés face aux surfaces végétalisées (fig. 3-47). Les manchons ont été surtout disposés dans le sens transversal afin de récupérer un volume de sable en déplacement cross-shore et de quantifier le différentiel inshore (courant à la côte) / offshore (courant portant au large). Pour le courant à la côte, le matériel prélevé était sableux (médiane à 0,2 mm), pour un poids total de 272,216 g. (15 minutes de piégeage).

Pour le courant vers le large, le matériel était de même nature lithologique et granulométrique. Le poids récupéré était de 129,21 g. Le différentiel est donc de 67,8 % vers la côte et 32,2 % vers le large, soit un rapport de 2/3 – 1/3 en résultante positive vers la côte. Une autre tentative de piégeage a été réalisée dans le sens longitudinal (longshore : parallèle à la côte). Les quantités piégées n'ont pas été considérées comme significatives. Ce résultat confirme le caractère essentiellement transversal (perpendiculaire à la côte) du transit sédimentaire. Il démontre également que le transfert sableux résultant est orienté vers la plage (rapport de 2/3 – 1/3) en situation hydrodynamique calme à modale. Cette résultante serait très certainement inversée en condition paroxysmale (tempête), en particulier à proximité de la plage.

Plusieurs lâchers de coquilles fluorescentes ont été réalisés, en particulier au droit des surfaces végétalisées. L'objectif était de caractériser un nuage de dispersion sédimentaire en fonction du courant. C'est pour cette raison que les coquilles calcaires, sensibles à la mobilisation par leur faible densité, ont été choisies. Les résultats obtenus confirment le caractère transversal de la dynamique avec un épandage des coquilles en cross-shore dominant (voir schéma de spatialisation, fig. 3-47). Les fractions les plus grossières se sont orientées vers la plage et se sont rapidement trouvées piégées et bloquées par le front de végétation. Un léger vecteur longitudinal (longshore) est à noter, conformément à la dérive littorale modale. A l'inverse, les fractions les plus fines se sont orientées vers le large. Cette différence de comportement d'origine granulométrique traduit la variation de compétence hydrodynamique du courant transversal. En effet, la fraction grossière, déplacée vers la côte, est symptomatique d'une énergie plus importante (courants de déferlement de la houle : Uprush), alors que les particules les plus fines sont emportées par le courant de jusant, vers le large).

Ces mesures ont permis de mettre en évidence la forte capacité des surfaces végétalisées (et des Spartines en particulier du fait de la hauteur des tiges et des feuilles) à dissiper, jusqu'à annuler, les courants résultants de marée et de houle et à briser les vecteurs directionnels associés. Elles ont permis de confirmer la tendance nettement transversale des flux dans cette partie de la baie. On a pu mettre à jour également la capacité de piégeage sédimentaire des secteurs végétalisés qui s'exerce de deux manières : (1) un exhaussement vertical de l'estran par des particules moyennes à fines au sein des surfaces de Spartine et (2) un blocage de sables à particules grossières et coquillières en front de surfaces végétalisées.

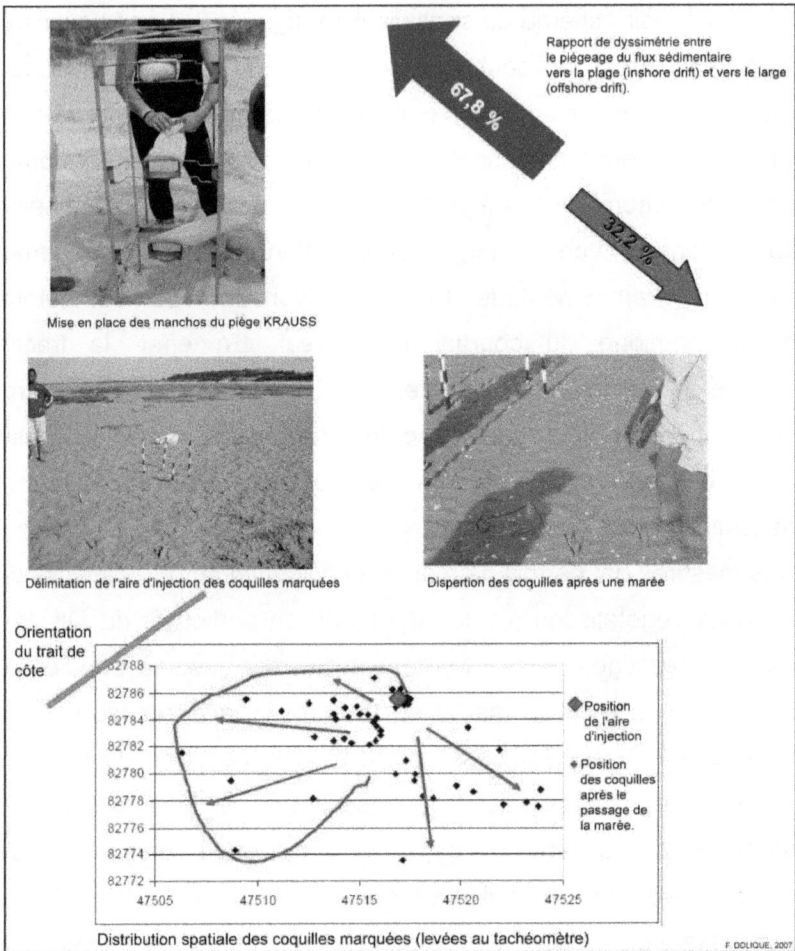

Rapport de dyssimétrie entre le piégeage du flux sédimentaire vers la plage (inshore drift) et vers le large (offshore drift).

67,8 %

32,2 %

Mise en place des manchos du piége KRAUSS

Délimitation de l'aire d'injection des coquilles marquées

Dispertion des coquilles après une marée

Orientation du trait de côte

Position de l'aire d'injection

Position des coquilles après le passage de la marée.

Distribution spatiale des coquilles marquées (levées au tachéomètre)

F. DOLIQUE, 2007

Figure 3-47 : Orientation, volumes et distribution des flux sédimentaires, La Maye, mai 2005 (adapté de BASTIDE & DOLIQUE, 2005).

Cet exemple montre comment une surface végétale, composée d'une plante exotique et invasive, peut influencer la sédimentation d'un haut estran estuarien. Cette articulation descendante, où la plante contrôle l'organisation du substrat sédimentaire, est également responsable de modifications à plus large échelle comme l'érosion du pied de dune ou la perturbation de la dérive littorale modale. Il était nécessaire de mieux appréhender cette articulation afin de mieux connaître, gérer et contrôler le développement de cette plante dont les conséquences biologiques et sédimentaires ne sont pas négligeables à l'échelle de l'ensemble de l'écosystème estuarien.

3-4-2-2 : *Rôle du Crinum asiaticum dans le piégeage du sable corallien.*

La plupart des plages dans le monde, que l'on se trouve en milieu froid, tempéré ou chaud, sont en situation érosive (BIRD, 1985 ; BIRD, 1993 ; GESAMP, 1990 ; HINRICHSEN, 1990). Ce contexte général est lié principalement à l'amenuisement progressif des stocks sédimentaires issus de la dernière transgression post-glaciaire (CARTER, 1988 ; VILES & SPENCER, 1995). Cette situation ne risque pas de s'améliorer si l'on considère une remontée du niveau marin estimée à 0,47 m pour le siècle à venir selon le dernier scénario moyen de l'*IPCC* (WATSON *ed.*, 2001 ; NICHOLLS & LOWE, 2004). Les milieux côtiers insulaires du Pacifique, déjà durement touchés ces dernières années par l'érosion, seront parmi les premiers concernés par la gestion de ce risque important pour ces sociétés en mal d'espace (GUILCHER, 1986 ; SALVAT, 1992 ; SPALDING & GRENFELL, 1997 ; SPALDING *et al.*, 2001 ; WILKINSON, 2000). La gestion du recul côtier par l'Homme présente des disparités méthodologiques et nombreux sont les échecs des solutions « dures » prônant l'édification de structures lourdes (telles que les enrochements, les épis, les murs). Les solutions « souples » telles que les rechargements de plages, qui permettent une gestion à la fois maîtrisée et durable des côtes en reposant sur les fonctionnements sédimentaires, doivent pouvoir s'imposer chez les décideurs (LEONARD *et al.*, 1990 ; PILKEY & WRIGHT, 1990 ; HAMM *et al.*, 2002). Parmi ces méthodes, l'association d'une plante avec un substrat meuble peut donner de bons résultats dans la fixation durable des sédiments. Les exemples les plus connus sont à rechercher du coté des milieux dunaires où la mise en place de plantes psammophiles (telles les oyats) est un succès incontestable pour la réhabilitation des dunes bordières, notamment en Europe du Nord et de l'Ouest (BAKER *et al.*, 1990 ; CARTER *et al.*, 1992 ; MAITI & THOMAS, 1975 ; NORDSTROM *et al.*, 1990). Il arrive même que certaines techniques de fixation des sédiments de plage soient connues par des populations locales et s'appliquent depuis des générations. La présence d'une plante, *Crinum asiaticum,* sur certains hauts de plages de Tahiti en Polynésie française, semble entrer incontestablement dans cette catégorie. Des observations menées récemment sur ces côtes ont montré que cette plante, résistante aux conditions marines (BÄRTELS, 1993), joue un rôle important dans le piégeage sédimentaire et que cette vertu est connue depuis très longtemps bien que son usage soit finalement assez confidentiel, les traditions ayant tendance à s'estomper avec le temps.

La plage du « PK 18 » à Punaauia est établie à l'arrière d'un complexe récifal de 500 à 600 mètres de large, de type « récif frangeant », offrant une profondeur du lagon *lato sensu* de 8 mètres au maximum (fig. 3-48). Cet ensemble est bordé par une crête algo-récifale sub-affleurante où la houle vient se briser. Cette plage présente des morphologies différenciées sur le plan longitudinal, avec des sections où la plage montre un profil bien engraissé et d'autres sections où le sable est absent, ce qui laisse apparaître un beachrock.

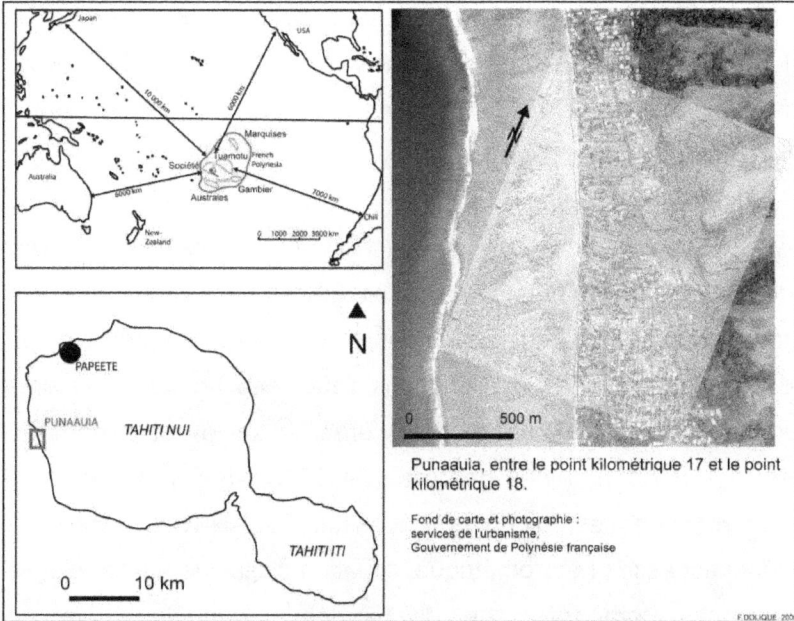

Figure 3-48 : localisation de la plage de Punaauia, Tahiti, Polynésie française.

La topographie de la plage a été levée à plusieurs reprises au cours de l'année 2003. Deux missions principales ont eu lieu en avril et en novembre 2003, où des profils de plage haute résolution ont été levés à l'aide d'une station totale tachéomètrique infrarouge, à précision sub-millimétrique. Les points topographiques de référence ont été raccordés au réseau hypsométrique local. Entre ces deux campagnes principales, des profils de surveillance ont été réalisés avec un niveau de chantier, sur une fréquence mensuelle, afin de capter les éventuelles variations saisonnières. Des échantillons de sable ont été prélevés le long du profil afin de caractériser la plage sur le plan granulométrique et calcimétrique. Nous avons également eu recours à un certain nombre de documents iconographiques mis à notre disposition par les services de l'Urbanisme du gouvernement de la Polynésie française. Parmi ceux-ci, des photographies aériennes de 1977, 1988 et 2001 nous ont permis de caractériser l'évolution de la plage sur le moyen-terme, aussi bien sur le plan des dynamiques sédimentaires que sur celui de la pression anthropique.

La plage du « PK 18 » à Punaauia présente un stock sédimentaire d'un volume assez réduit. Le sable est essentiellement organogène dont l'origine est une remontée progressive du sédiment bioclastique corallien sous l'effet des houles lagonaires modales. Aux embouchures des rivières, le sable est plus mixte, avec des parts non négligeables (de 25 à 45 %) de fractions purement minérales, d'origine volcanique (JEANSON, 2004). Le matériel est assez hétérométrique, situation classique sur les plages coralliennes composées de divers débris dont le degré de fractionnement est variable et dépend du processus clastique de base (mécanique ou biologique) et de l'intensité des conditions météo-marines. Pour les profils 1 et 3, à proximité des embouchures, les plus gros éléments granulométriques (bioclastiques) se situent en bas de plage, accumulés par la gravité liée à leur propre poids, sous l'effet du backwash (fig. 3-49). On retrouve également une laisse de matériaux grossiers à la limite supérieure de l'uprush, là encore liée à l'impulsion gravitaire. Pour ces profils, l'action de la houle n'est pas la même pour les sédiments bioclastiques et pour les sables volcaniques. Les sables bioclastiques sont plus facilement mobilisables par le jet de rive car ils sont moins denses, ils contiennent parfois quelques bulles d'air emprisonnées dans les calices du corail, et offrent une plus grande surface de prise en charge que les sables volcaniques, plus sphériques et denses. Pour le profil 2, la plage est plus homogène sur le plan sédimentaire (plus éloignée des embouchures) et également sur le plan granulométrique (grain moyen centré autour de 0,8 mm). Cette situation s'explique par le fait que ce prisme est situé dans un secteur en accrétion, lié à un piégeage qui sera évoqué dans ce texte, avec une part de décharge sédimentaire sélective.

Les marées sont de type semi-diurnes à dominante solaire. Le marnage est microtidal, avec une amplitude de marée à Tahiti de 15 centimètres (DUPON *et al.*, 1993).

Les vents dominants sont de secteur Est. Il s'agit de vents d'alizés générés par les cellules anticycloniques du Pacifique Est, notamment la cellule de l'île de Pâques. Les deux provenances principales sont N-E et S-E, selon les variations saisonnières. Sur le plan local, les vents sont considérablement perturbés par effet orographique, renforcés par des « *effets venturi* » (DIPF-METMAR, 1999). Les côtes sont également affectées par des variations journalières d'un vent perpendiculaire au trait de côte, dont l'alternance est liée aux variations thermiques nycthémérales entre la terre et l'océan. Le champ local de houle au niveau du lagon de Punaauia est en grande partie influencé par ce dernier paramètre. En effet, la morphodynamique des plages de Tahiti est influencé, sur le plan modal, par des houles de faible énergie (hauteur de 10 à 30 cm), dont le fetch est très local, à l'échelle du lagon. Des ondes plus importantes, à l'échelle régionale, peuvent parfois intervenir dans la mobilisation des plages d'îles hautes ; elles sont d'origine extra-lagonaires. Ces ondes ont des provenances diverses : Houles de nord en saison chaude (elles peuvent varier en fonction du fetch :

133

de moins de 2 mètres à 3 mètres au récif, moins de 10 secondes à 18-20 secondes de période) ; les houles de S-W en saison fraîche (3 mètres de creux au récif, périodes de 14-18 secondes) ; les houles d'alizé (de 2 à 4 mètres au récif, période < 14 secondes). Après déferlement sur le récif, il arrive que les plus importantes de ces ondes pénètrent le lagon et poursuivent leur route vers la plage. Il s'agit alors d'ondes de génération secondaires, de hauteur variable en fonction de la largeur et de la profondeur du lagon, et dont le rôle n'est pas négligeable sur le transport sédimentaire modal. Enfin, la morphologie des plages est également fortement influencée par les événements paroxystiques comme les ondes d'origine cycloniques ou les tempêtes liées aux dépressions tropicales de la saison chaude (DUPON *et al.*, 1993). Ces ondes, qui peuvent dépasser 10 mètres de creux au récif, franchissent facilement la crête alguo-corallienne pour se briser sur les plages. Les effets d'une telle énergie sur les formes sédimentaires sont considérables et les évolutions morphologiques sont alors plus significatives sur du court terme que celles liées au plus long terme, correspondant à une dynamique modale. En ce qui concerne la plage de Punaauia, la houle est relativement réduite (hauteurs sub-métriques) en situation modale. Cependant, en situation paroxystique, la plage est fortement exposée du fait d'un lagon peu large (environ 500 mètres).

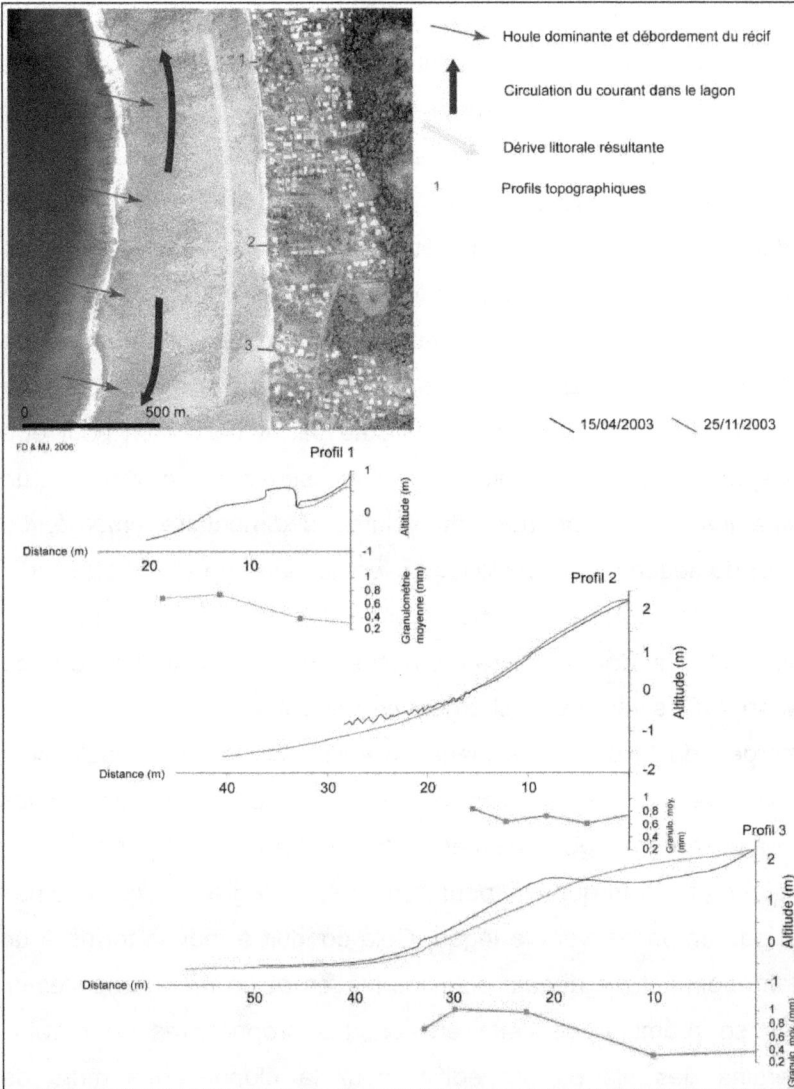

Figure 3-49 : Profils topographiques et granulométrie, Punaauia, plage du « PK 18 ».

En condition modale, le transit sédimentaire est faible. On peut constater quelques circulations cross-shore en fonction du battement de la houle et de la marée, conduisant essentiellement à des ségrégations de sables liées à leur densité ou leur granulométrie (voir plus haut). Les mouvements long-shore sont également faibles mais induisent une circulation modale liée à une dérive littorale résultante vers le sud en ce qui concerne la plage du « PK 18 » (fig. 3-49). Cette dérive est visible essentiellement en rive droite des embouchures des cours d'eau, où l'on constate l'édification de prismes d'accrétion de sable en provenance de l'amont-dérive (embouchure du Maruapo). Les ondes de plus forte énergie induisent des circulations cross-shore plus importantes. En situation de tempête, le sable est mobilisé par le swash, de telle façon qu'il se trouve arraché à la côte par le backwash pour être transporté vers le lagon. Cette situation provoque un démaigrissement important du volume sédimentaire émergé. Le retour du sédiment depuis le lagon vers la plage ne se fait que sur le moyen terme (plusieurs mois), grâce à l'action de houles modales constructrices, dont le courant orbital est porteur jusqu'à la zone de swash, où les vagues se chargent de remonter le sable sur la partie émergée de la plage. La plage du « PK 18 » est essentiellement concernée par ce dernier processus. Cependant, les houles modales ne sont généralement pas suffisamment importantes en hauteur et en fréquence pour remonter l'intégralité des volumes sableux emportés vers le lagon. Cela conduit à moyen terme à un bilan sédimentaire négatif pour les plages et un recul de celles-ci. Pour se prémunir de cette érosion, les propriétaires de terrains riverains des plages ont édifié, pour la plupart, des murs de protection pour éviter la progression de la mer sur leurs jardins et leurs habitations. (fig. 3-50). Cette décision a provoqué un effet pervers dans la mesure où la présence de ces structures verticales dures a augmenté l'énergie des vagues, surtout en situation de hautes eaux, aggravant la déperdition de sable de plage au profit du lagon (fig. 3-50). Ce démaigrissement fait localement apparaître un beachrock (voir partie 3-2-2).

Figure 3-50 : Les murs de protection et leurs effets sur la plage de Punaauia.

Cette morphologie de cimentation calcaire, souvent observable en milieu côtier tropical, est un indicateur assez formel de l'érosion de la plage. Parfois, l'apparition d'un beachrock peut permettre de protéger la plage car celui-ci brise la houle déferlante, protégeant le sable en arrière. Le beachrock se comporte alors un peu comme un brise-lame, comme c'est le cas à Siesta Key, en Floride (SPURGEON et al., 2003). Mais de manière générale, le beachrock n'empêche pas le trait de côte de reculer (voir en 3-2-2). Dans le cas de Punaauia, la présence d'un mur de protection en haut de plage renforce l'énergie de la houle et son action sur le prisme sableux, qui est rapidement évacué laissant place au beachrock (fig. 3-50). Il est intéressant de constater qu'il y a une forte corrélation entre la localisation des murs et la présence de beachrock sur la plage (fig. 3-51). Sur la plage du « PK 18 », les beachrocks ne protègent pas la plage car ils ne sont pas assez élevés topographiquement pour se permettre de briser totalement les vagues. Ici, les deux affleurements principaux sont composés d'une à deux dalles larges de 3 à 4 mètres, longues de 280 et 350 mètres et qui culminent à une cinquantaine de centimètres maximum au-dessus de la surface sableuse (voir profil 1, fig. 3-49). A l'inverse, la houle passe au-dessus et se brise sur les murs, surtout en situation de surcote lorsque le vent est fort. Le beachrock bloque alors le reflux et l'eau se trouve prise au piège entre les murs et celui-ci. A marée basse, l'eau de mer reflue vers le lagon par des brèches, naturelles ou artificielles, au sein du beachrock ou par les extrémités de celui-ci. Cela induit une circulation d'eau canalisée par le beachrock, parallèle au rivage, et dont la rapidité entraîne avec elle des particules de sable (fig. 3-51).

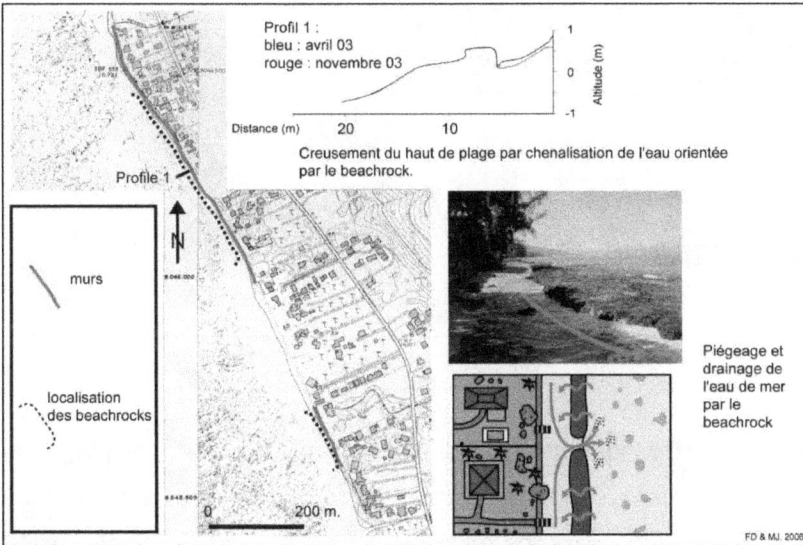

Figure 3-51 : Localisation des beachrocks et leurs effets sur l'écoulement de l'eau en haut de plage.

Cet écoulement du matériel particulaire en direction du lagon renforce l'amenuisement du stock sédimentaire de haut de plage. L'analyse du profil de la figure 3-51 montre une déperdition de 10 à 50 cm d'épaisseur de sable sur la partie supérieure de la plage, entre avril et novembre 2003. Ce nouvel effet pervers accentue le déchaussement basal des murs et il est nécessaire, dans certains cas, de repenser la stratégie de défense contre la mer. C'est ce qui a été fait au droit d'un hôtel en cours de construction où un rechargement de sable a été réalisé, avec du matériel piégé dans des buses sanitaires et récupéré (fig. 3-50). D'autres résidents, riverains de la plage, ont planté des lignes d'une plante appelée localement « Riri » (*Crinum asiaticum* : voir fig. 3-52) dont les vertus se sont révélées positives pour l'engraissement du profil de plage.

Figure 3-52 : *Crinum asiaticum*

L'observation attentive du profil longitudinal de la plage du « PK 18 » montre une concomitance troublante entre les secteurs d'accrétion et la présence de cette plante en haut de plage (fig. 3-53). *Crinum asiaticum*, de la famille des *Amaryllidaceae*, est une plante originaire d'Asie tropicale mais ses 110 variétés se rencontrent sur toutes les zones tropicales et subtropicales du monde (BÄRTELS, 1993). Il s'agit d'une plante assez imposante (1,5 à 2 m de haut et de large) et qui présente un système foliaire développé (fig. 3-52). La plante fleurit toute l'année et présente des fleurs blanches patelliformes, dont certaines espèces (présentes à Singapour) peuvent être empoisonnées (POLUNIN, 1987). Cette plante est surtout présente sur les côtes et les milieux d'arrière mangrove. Halophile, elle est aussi à tendance psammophile. Elle peut pousser sur de nombreux substrats mais préfère le sable. Son système de rhizomes est très dense et très large (TAN, 1995). *Crinum* est utilisée en médecine pour des cataplasmes contre la douleur, contre les irritations et les gerçures (WEE YEHOW CHEEN, 1992). C'est d'ailleurs un médecin anglais, le Dr Johnstone qui a introduit cette plante à Tahiti en 1845.

Là où l'on trouve des haies de *Crinum* en haut de plage, on constate une plage au prisme sableux massif, dont la largeur est supérieure à 40 mètres contre une vingtaine de mètres pour les plages en amaigrissement (profil de la figure 3-53). Les profils 2 et 3 (fig. 3-49) ont été levés sur des sections comportant du *Crinum* en haut de plage, et montrent une section transversale caractéristique d'une plage en accumulation. Le suivi des profils tend à mettre en évidence une tendance évolutive à la poursuite de l'accrétion. C'est le système racinaire très développé des *Crinum* qui contribue à piéger le sable (fig. 3-52). Ces sédiments auront été auparavant déposés par l'effet de dissipation de l'énergie des houles de haute mer, suite à leur amortissement par les feuilles de la plante résistante à l'eau de mer.

L'analyse de la carte de la figure 3-53 met parfaitement en évidence la corrélation entre la localisation des alignements de *Crinum* en haut de plage et les prismes d'accrétion, tout comme elle indique à l'inverse le rapport entre la localisation des murs de protection et l'amenuisement des plages (DOLIQUE *et al.*, 2004). La comparaison du profil 1 avec le profil 2 (fig. 3-53) indique une différence altitudinale importante du haut de plage (1,5 m), ce qui se traduit par une variation volumétrique de l'ordre de 11 m^3 de sable environ par mètre linéaire. Cette valeur permet d'estimer le volume de piégeage à 2 200 m^3 sur un linéaire de 200 mètres de plage disposant d'une haie de *Crinum* à son sommet. D'autre part, si nous utilisons le profil 2 comme valeur de référence de profil équilibré, l'extrapolation de son volume aux sections en érosion permet de quantifier la déperdition de sable à environ 10 000 m^3 pour la plage du PK 18. Environ 4000 m^3 auront été transportés par la dérive littorale (longshore) puis piégés et stabilisés au niveau des sections où poussent *Crinum*. Le reste (environ 6000 m³) aura été piégé par le lagon suite à un transfert cross-shore vers l'avant-plage.

Le bénéfice de la présence de *Crinum* pour la plage se confirme avec l'examen des photographies aériennes de 1977, 1988 et 2001, qui montre un net amenuisement de la surface d'exhumation du beachrock situé entre les profils 2 et 3 (réduction de 140 mètres en 24 ans), témoin du rôle de piège sédimentaire des haies de *Crinum*, et de leur extension, de part et d'autre d'un mur isolé (fig. 3-53).

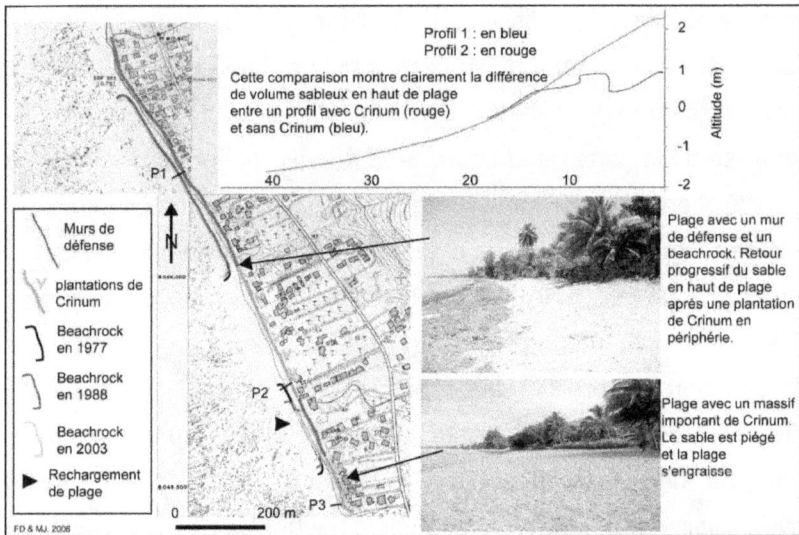

Figure 3-53 : Rôle de *Crinum asiaticum* sur la plage de Punaauia.

Cet exemple illustre le rôle fondamental que peut jouer une plante sur la dynamique sédimentaire littorale. L'analyse des photographies aériennes et des profils de plage démontre que la présence de haies de *Crinum asiaticum* contribue largement à piéger et fixer le sable là où la plante est présente. Aux endroits où certaines emprises anthropiques, telles que

les murs de protection résidentielle, induisent des effets négatifs sur les budgets sédimentaires littoraux, les plantations de *Crinum asiaticum*, notamment en complément de rechargements sableux initiaux, sont susceptibles de reconstituer les plages et de dissimuler les constructions derrière des haies de verdure, ce qui constitue un modèle remarquable de gestion intégrée et à terme de développement durable de la plage. Dans cet exemple d'articulation phyto-morphodynamique, la plante joue un rôle dominant dans la mesure où sa présence influence considérablement l'évolution d'un système-plage corallien. Ce système de domination, comme pour l'exemple de la Spartine en Baie de Somme, est considéré comme descendant car c'est l'élément sus-jacent (la plante) qui influence l'évolution de l'élément sous-jacent (le sédiment corallien).

3-5 : ACTIVITÉS HUMAINES ET ARTICULATIONS

L'implantation de l'homme et de ses activités sur les espaces littoraux a eu très tôt un impact non négligeable sur les systèmes naturels. Les hommes sont devenus des agents importants de l'évolution des milieux côtiers en participant, parfois volontairement, souvent involontairement, à leur déstabilisation durable (PASKOFF, 1994). L'accroissement démographique sur les littoraux est très fort et les activités y sont variées (LEFEUVRE, 1991). L'espace littoral est devenu un lieu où s'affrontent des convoitises conflictuelles à fort impact alors que l'environnement se caractérise par son exiguïté et sa fragilité (PASKOFF, 1993). Cette pression anthropique conduit à une multiplication d'aménagements sur un milieu fragile dont les mécanismes de fonctionnement systémiques sont encore mal connus. Depuis la fin des années 80 et le début des années 90 (loi littorale de 1986, Sommet de la Terre à Rio de Janeiro en 1992...), une prise de conscience se dessine afin de mieux gérer et restaurer les milieux littoraux (GAMBLIN, 1998). Cela passe par une meilleure compréhension des systèmes naturels, de leur fonctionnement, leur imbrication, des processus. La notion d'articulation morphodynamique entre dans cet objectif car il est vain d'envisager les fonctionnements « formes – agents » comme unitaires et cloisonnés.

Dans le cadre de mes différentes études, conduites depuis 1991 sur les littoraux du nord de la France ou sur des espaces plus tropicaux, j'ai été amené à identifier des usages et des impacts anthropiques sur des systèmes de fonctionnement morphodynamiques. A partir de ce constat, peut-on assimiler l'homme à un agent dynamique ou à une unité constituante d'une articulation ?

Je ne souhaite pas franchir le pas de la réponse à cette interrogation. La notion d'articulation, telle qu'elle a été exposée dans la section 2 de cet ouvrage, se contente de définir les liens fonctionnels entre des unités strictement physiques. Par contre, l'influence anthropique doit être considérée comme un facteur déclenchant et/ou aggravant de certaines dynamiques et constitue, dans de nombreux cas, un élément incontournable du fonctionnement d'un système.

Dans cette section 3-5, j'ai essayé d'analyser la relation « homme – articulation morphodynamique » en trois ensembles. Cette sélection n'est pas exhaustive et ne concerne que quelques exemples des différentes situations que j'ai pu rencontrer.

Dans un premier ensemble, l'action de l'homme sur un littoral peut conduire à une déstabilisation durable d'un système naturel en équilibre, provoquant parfois une réaction en chaîne négative et irréversible. Dans un second ensemble, il est intéressant d'analyser le rôle de l'homme dans sa volonté de modifier, d'inverser une tendance dont il est responsable au départ. Enfin, juste retour des choses, il est séduisant de se pencher sur des situations où l'homme est dominé par les systèmes naturels et où il doit faire preuve d'adaptation.

3-5-1 : Déséquilibres anthropiques et effets de cascade

Dans certains cas, l'homme, par son action d'aménagement, produit des effets négatifs bien involontaires sur les équilibres morphosédimentaires littoraux. De nombreux exemples peuvent être cités (PASKOFF, 1993). Les déséquilibres provoqués par l'homme peuvent parfois engendrer une « réaction en chaîne », de nombreux dysfonctionnement à diverses échelles spatiales et temporelles, qui mis bout à bout, conduisent à un déséquilibre durable et le plus souvent irréversible. Nous allons voir comment des aménagements réalisés en milieu estuarien ont conduit à renforcer et accélérer un phénomène de comblement sédimentaire naturel. L'homme agit ainsi en « accélérateur de tendance existante ». Un autre exemple, pris en Polynésie, montre comment l'homme a pu déclencher des déséquilibres durables et graves pour l'environnement.

3-5-1-1 : *l'accélérateur de tendance*

La Baie de Somme est un estuaire dit « Picard » (estuaires de la Somme, Authie, Canche) dont la particularité consiste en une migration lente de l'embouchure vers le nord avec la dérive littorale (BRIQUET, 1930). Ces estuaires sont composés d'un *poulier* sur la rive gauche, flèche progressant vers l'embouchure. A l'inverse, à l'opposé de la baie, sur la rive droite, un secteur en érosion appelé *musoir* recule au même rythme que l'avancée du poulier, par compensation. Ce système de fonctionnement poulier-musoir est en équilibre dynamique avec les courants d'entrée-sortie de l'estuaire et les taux de sédimentation. Ainsi, la translation progressive des estuaires picards peut s'effectuer. Ce système de fonctionnement est effectif depuis au moins la stabilisation de la transgression flandrienne (- 5 500 BP) et s'effectue encore aujourd'hui, au moins partiellement, pour les estuaires de l'Authie et de la Canche. Par contre, pour l'estuaire de la Somme, le phénomène est maintenant pleinement contrarié par une sédimentation sableuse et vaseuse très active au sein de l'embouchure et sur ses marges externes. Ce processus de comblement sédimentaire est, à l'origine, naturel et inéluctable ; il concerne la plupart des estuaires depuis la dernière

146

transgression post-glaciaire et la remontée des stocks sédimentaires sous-marins de la manche. Cependant, ce phénomène de comblement a été considérablement accéléré et renforcé par certaines interventions anthropiques. En effet, depuis 1835, l'édification progressive de digues de poldérisation, appelées localement « *rencloutures* » est responsable de la réduction de plus de 20 km² de la superficie inondable de l'estuaire, réduisant ainsi considérablement le volume hydraulique oscillant, véritable moteur journalier de l'expulsion des sédiments (DOLIQUE, 1998 ; 1999c), (fig. 3-54). De plus, la divagation des chenaux joue un rôle fondamental de mobilisateur des sédiments dans un estuaire de ce type. Or, au début du XIXème siècle (1803 à 1827), le fleuve Somme fut endigué entre Abbeville et St Valery (alors que le débouché naturel se situait au Crotoy), ce qui est une aberration sur le plan hydraulique (DOLIQUE, 1998) et a ainsi favorisé l'exhaussement d'une grande partie nord de la baie. Le coup de grâce fut donné par l'édification en 1912 d'une digue entre Noyelles et St Valery supportant une voie de chemin de fer, en remplacement d'une estacade de bois réalisée en 1854. Cette digue empêche la marée de pénétrer en fond de baie, réduisant encore plus le volume oscillant nécessaire à l'évacuation des particules sédimentaires (DOLIQUE, 1999c).

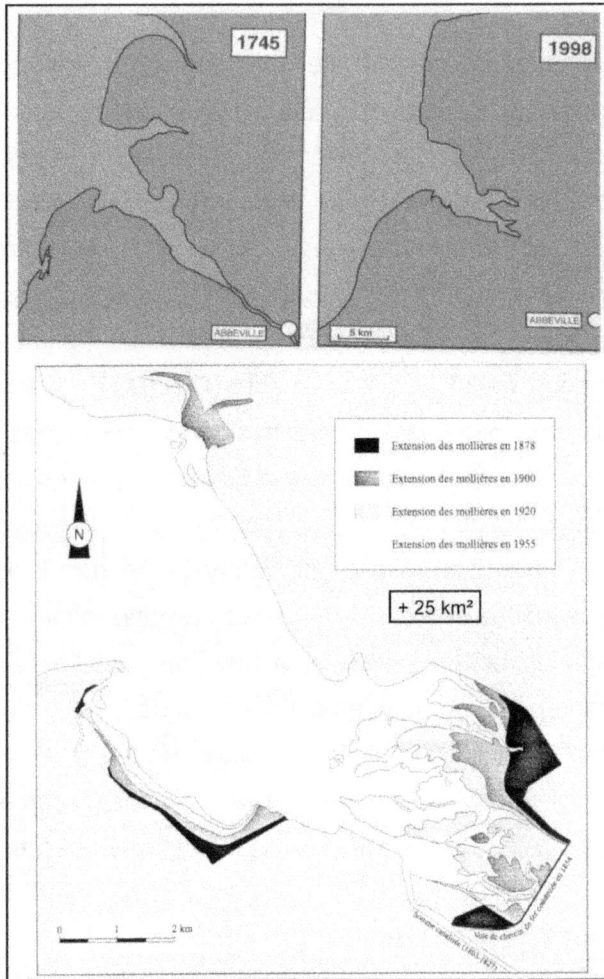

Figure 3-54 : réduction de la surface de la baie de Somme (synthèse réalisée d'après des documents historiques, archives départementales de la Somme, DOLIQUE, 1998).

La conséquence de ce rétrécissement d'origine anthropique de la baie interne est une diminution du volume tidal entrant et sortant de la baie (volume oscillant). L'effet hydraulique de chasse des sédiments a perdu en efficacité et compétence. Le rythme de sédimentation en baie, en particulier l'agradation des schorres, s'est considérablement accru et le bilan sédimentaire, très largement positif, se calcule en millions de mètres cubes ces dernières années (LATTEUX, 2000). C'est la partie nord de la baie, privée de l'écoulement naturel du fleuve, qui fut la première touchée. Un bassin de chasse a dû être construit en 1861 et depuis la fin des années 40, on note une sédimentation importante, sous forme de bancs successifs en accolement, au niveau du musoir, forme naturelle d'érosion par définition.

Nous nous sommes particulièrement intéressés à ce dernier phénomène. La section située entre l'anse Bidard et la pointe de St Quentin, qui constitue le musoir de la baie, a fait l'objet de nombreuses mesures depuis 2000 (BASTIDE, 2001 ; BASTIDE *et al*, 2006). Une analyse de sept missions de photographies aériennes prises entre 1947 et 2002 (fig. 3-55) montre comment et à quel rythme le musoir s'est comblé par accolement à la côte d'un banc sableux coquillier : le banc de l'Ilette. Ce comblement a été renforcé par l'édification de digues pour la création du parc ornithologique du Marquenterre (entre 1960 et 1971). Onze profils topographiques ont été levés depuis 2001 ainsi que des campagnes de mesures hydrodynamiques, réalisées en période estivale et hivernale en 2001 et 2002.

Dès le début des années 80, des mytiliculteurs ont profité de l'installation de cette plate forme sableuse pour demander la mise en place de concession de bouchots sur un linéaire de 3,5 km. Ces pieux de bois jouent un rôle indiscutable de piège à sédiments, en particulier par effet de brisure de l'énergie des houles. Il en résulte la formation d'une flèche sableuse parallèle au rivage (fig. 3-56). La présence de cette nouvelle barre sableuse a pour effet de canaliser l'entrée du flot au nord de la Baie de Somme. En effet, le flot, perturbé par le barrage sédimentaire formé par le banc de l'Ilette et sa plate-forme associée, s'oriente vers le nord. Au fur et à mesure de la montée du niveau d'eau, le flot contourne l'obstacle constitué de la barre des bouchots et s'engouffre entre celle-ci et le front dunaire, pour se diriger vers le sud et la baie (fig. 3-57), provoquant la mise en place d'une cellule de circulation sédimentaire nord-sud inédite et renforçant encore l'entrée de sédiments sableux en baie.

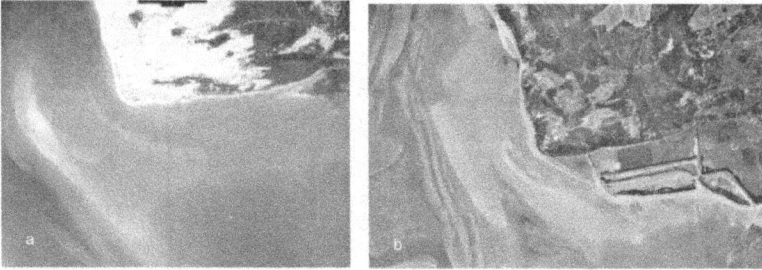

PVA (IGN) : a : 1947 ; b : 1981.

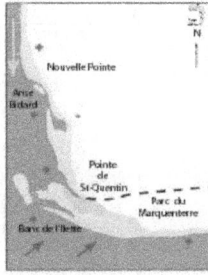
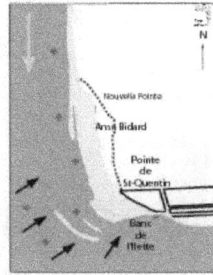

Synthèse d'évolution du musoir de la Baie de Somme à partir de l'analyse des photographies aériennes (IGN) de 1947, 1955, 1965, 1981, 1986, 1997, 2002.

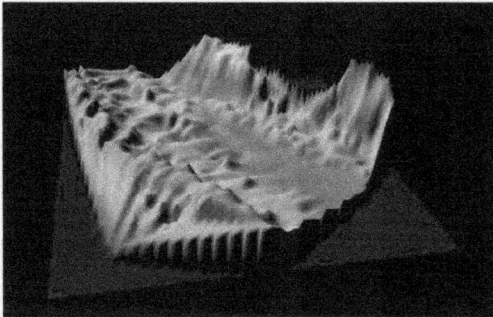

Modèle numérique de terrain montrant l'accolement du banc sableux coquillier de l'Ilette à la côte (juillet 2002)

Figure 3-55 : Accolement du banc de l'Ilette sur le musoir de la Baie de Somme (adapté de BASTIDE, 2001 ; BASTIDE *et al.*, 2006).

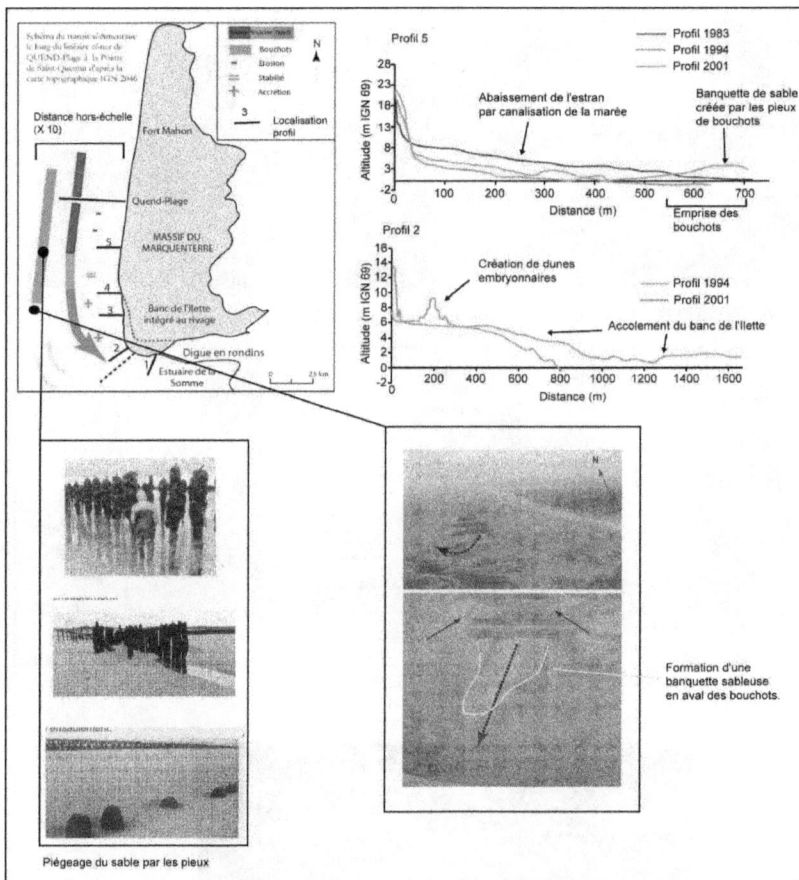

Figure 3-56 : Rôle des bouchots sur la dynamique de l'estran entre Quend et la pointe de St Quentin (adapté de BASTIDE, 2001 ; BASTIDE *et al.*, 2006)

La Baie de Somme est un exemple de perturbations d'équilibres hydro-sédimentaires causées par l'action de l'homme, par effet de cascade, à des échelles variées d'espace et de temps. La poldérisation de la baie et la canalisation du fleuve ont considérablement renforcé un phénomène de comblement de toute façon inéluctable à l'échelle des estuaires. Le volume oscillant, très diminué, n'était plus assez important pour chasser le volume sédimentaire en entrée de baie. Des bancs sableux se sont accolés sur le musoir, contribuant à refermer progressivement l'embouchure. L'implantation de la digue du parc ornithologique et d'une ligne de concessions de bouchot a contribué à renforcer la sédimentation vers l'intérieur de la baie qui s'étouffe progressivement. Cascade d'aménagements pour une cascade négative de déséquilibres hydro-sédimentaires ayant pour conséquence un rapport déséquilibré entre les flux entrants et les flux sortants, à l'avantage des premiers nommés. Les effets sont catastrophiques pour cette baie qui perd son caractère maritime ainsi que pour les populations qui l'habite et l'exploite. Vu l'importance des phénomènes en jeu (surfaces sédimentaires, marnage, force des courants, vitesses de comblement...), il semble maintenant beaucoup trop tard pour réagir.

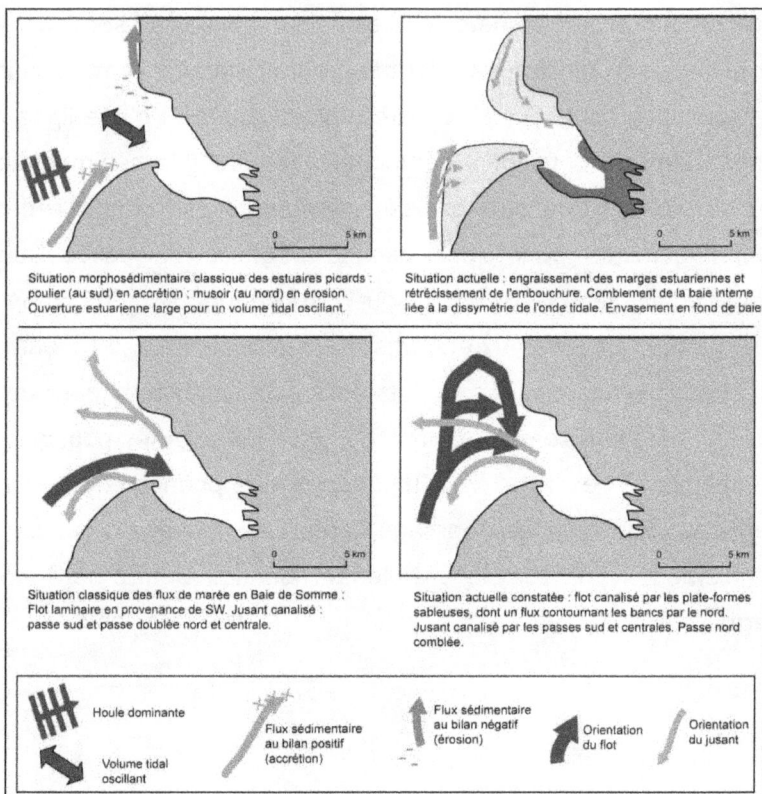

Figure 3-57 : Evolutions hydrologiques et sédimentaires contemporaines constatées en Baie de Somme (DOLIQUE, 2003).

3-5-1-2 : *Déséquilibres durables*

Un système littoral peut-être défini comme un ensemble d'éléments constitutifs, (biotiques ou abiotiques, sédimentaires ou hydrodynamiques...) souvent liés entre eux par des mécanismes et des processus. Ces éléments sont généralement en équilibre précaire les uns avec les autres. Il suffit d'une seule action sur l'un de ces éléments (action anthropique ou non) pour entraîner un déséquilibre aux effets déstabilisants pour un (ou quelques, ou tous les) élément(s), pouvant conduire à des effets négatifs durables (syndrome du château de cartes).

En milieu littoral, les aménagements sont souvent confrontés à des contraintes environnementales, anticipées ou non, et liées à la nature dynamique intrinsèque de ces milieux. Un hôtel implanté en bord de mer peut voir sa plage privée disparaître par l'érosion, un accès portuaire peut être bouché par des débordements d'une jetée par des galets, des villas peuvent se trouver ensablées par des dunes mouvantes, les exemples sont très nombreux sur tous les littoraux du monde (DAVIES, 1972 ; PIRAZZOLI, 1993 ; BAVOUX, 1997 ; WACKERMANN *et al.*, 1998 ...). Des interventions secondaires (allongements de jetées, épis, rechargements...) sont parfois nécessaires pour corriger ces effets négatifs. Or, il arrive parfois que les aménagements correctifs n'aient pas toujours les effets escomptés. Ils peuvent aggraver les effets négatifs déjà observés et/ou en créer d'autres. L'exemple sélectionné ci-dessous montre encore une fois comment une simple intervention de confort peut déséquilibrer gravement et durablement un équilibre hydro-sédimentaire.

Le lagon de Tiahura, dans le nord-ouest de l'île de Moorea, est l'un des sites les plus touristiques de la Polynésie française. Cet attrait est lié en grande partie à la beauté de son lagon, présentant un superbe camaïeu de bleu, et doté de deux motus végétalisés. Le récif-barrière et la passe sont des sites de plongée très poissonneux et connus dans le monde entier. En cet endroit, la concentration hôtelière est la plus importante de l'île. Dans ces conditions, il n'est pas étonnant que l'entreprise touristique française « Club Méditerranée » y ait implanté un village-vacances. Situé en bordure de lagon (fig. 3-58), la plage du village était contrariée par un affleurement de récif frangeant et de nombreux pâtés coralliens. Le site était donc difficile d'accès pour les embarcations et les activités nautiques. La direction de l'établissement a donc décidé de creuser un chenal d'embarcation à proximité de l'hôtel, relié au chenal naturel s'écoulant vers la passe de Taotai. D'après certaines communications orales fournies par les riverains, la passe naturelle fut, elle aussi, sur-creusée afin de pouvoir laisser passer des vedettes à plus fort tirant d'eau (BESSON, 2004). Cet élargissement et surcreusement du chenal a eu pour effet de renforcer significativement la vitesse du courant vers la passe, dépassant les 8 m/s, en particulier au jusant (LENHARDT, 1991 ; CAREX, 2002). Cette accélération du courant a contribué à soutirer des stocks sableux par effet d'aspiration et de les exporter en partie en dehors du lagon par la passe, ou de les épandre sur d'autres secteurs, à l'est de Tiahura. L'analyse des photographies aériennes de 1977, 1986 et 2001 a permis de noter un démaigrissement des plages coralliennes au sud des motus Fareone et Tiahura, à proximité du chenal (synthèse dynamique, fig. 3-58). Ces motus, considérés comme des atouts touristiques importants, doivent maintenant être protégés de l'érosion par l'édification de murs successifs, qui ne sont que des solutions dérisoires face à l'importance des volumes sableux soutirés. D'autre part, les plages mêmes du village-vacances « Club Méditerranée » ont été touchées par ce phénomène d'aspiration du sable avec un démaigrissement progressif observé depuis les années 80. Cette disparition des plages a nécessité l'édification de petits épis en pierres volcaniques afin de retenir le sable (voir photo de gauche, fig. 3-58).

Depuis 2001, le site du Club Méditerranée est fermé, faute d'un accord foncier avec les ayants-droits coutumiers et est en attente d'un repreneur. Pendant ce temps-là, l'érosion des motus de Tiahura se poursuit inexorablement.

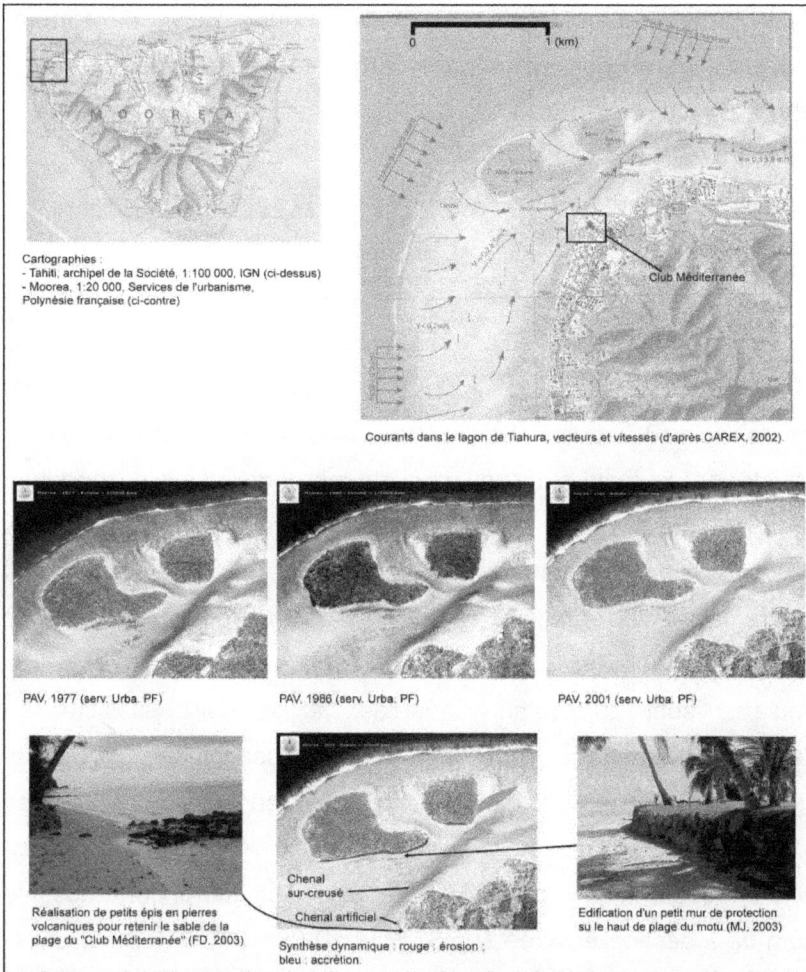

Cartographies :
- Tahiti, archipel de la Société, 1:100 000, IGN (ci-dessus)
- Moorea, 1:20 000, Services de l'urbanisme,
Polynésie française (ci-contre)

Club Méditerranée

Courants dans le lagon de Tiahura, vecteurs et vitesses (d'après CAREX, 2002).

PAV, 1977 (serv. Urba. PF)

PAV, 1986 (serv. Urba. PF)

PAV, 2001 (serv. Urba. PF)

Réalisation de petits épis en pierres volcaniques pour retenir le sable de la plage du "Club Méditerranée" (FD, 2003)

Chenal sur-creusé

Chenal artificiel

Synthèse dynamique : rouge : érosion ; bleu : accrétion.

Edification d'un petit mur de protection su le haut de plage du motu (MJ, 2003)

Figure 3-58 : Evolution des motus Fareone et Tiahura, Moorea.

Cet exemple montre comment un aménagement à vocation touristique peut mettre en péril l'objet touristique lui-même par déséquilibre durable du système. Pour assurer le confort d'une desserte nautique hôtelière, un aménagement a involontairement déstabilisé l'équilibre hydrodynamique d'un lagon en renforçant la vitesse des courants de vidange. Le sable corallien, aspiré par le chenal, provoque l'amaigrissement et l'érosion des plages des motus Fareone et Tiahura, deux des principaux attraits touristiques de cette partie de l'île de Moorea.

3-5-2 : <u>Interventions sur le système naturel</u>

En matière de défense contre la mer et gestion de l'érosion, une prise de conscience s'est effectuée depuis le début des années 80. Les ouvrages lourds de protection (digues, enrochements, brise-lames, épis...) font l'objet de nombreuses critiques car nous avons maintenant le recul suffisant pour estimer leurs effets secondaires souvent néfastes pour l'environnement littoral. Les conséquences de ces aménagements étant parfois plus préjudiciables que le mal contre lequel ils sont sensés lutter. Des méthodes plus souples (alimentations et rechargements en sédiments, atténuateurs de houle...) sont aujourd'hui adoptées, là où c'est possible. La démarche repose sur une meilleure connaissance des processus littoraux, afin d'agir avec les dynamiques et non plus contre. La prise en compte des réalités naturelles, mais aussi parfois socio-économiques, dans la gouvernance d'un milieu littoral porte aussi le nom de « gestion éclairée » (ESPEUT, 1998 ; STOJANOVIC *et al.*, 2004).

Les études de cas présentés ci-dessous montrent deux exemples originaux de gestion de l'érosion menée à partir d'un effort de connaissance du fonctionnement du milieu. Le littoral des Bas-champs de Cayeux fait l'objet d'une stratégie de défense « mixte » contre la mer, alliant des techniques « dures » à des techniques « douces », prenant en compte, peut-être trop partiellement, les réalités dynamiques du littoral. La plage corallienne du PK 18 à

Punaauia, en Polynésie française, voit elle le retour d'une technique ancestrale et traditionnelle de fixation du sable.

3-5-2-1 : *La stratégie mixte des Bas-champs de Cayeux*

Comme nous l'avons déjà évoqué en 3-2-1-1, le cordon de galets des Bas-champs de Cayeux, flèche à pointe libre longue de seize kilomètres, protège un espace de 4 500 ha de champs, pâtures et étangs situé à 2 mètres en dessous du niveau des plus hautes marées. Ce cordon subit des démaigrissements importants du fait d'une raréfaction de la ressource sédimentaire longtemps exploitée pour sa richesse en silice, et bloquée dans sa dérive naturelle par des jetées portuaires et des épis, en aval-dérive (DOLIQUE, 1998). Face à une érosion chronique, les décideurs (riverains regroupés en association syndicale, municipalités, collectivités territoriales) ont décidé à partir de 1966 d'ériger plus de 50 épis afin de stopper la dérive littorale. Le trait de côte, fragilisé en aval-dérive, s'est rompu en février 1990, provoquant l'inondation de 3 000 ha de terres. Cette situation, qui a beaucoup marqué les esprits, provoqua une prise de décision importante. Après avoir envisagé d'abandonner le site à la mer, il fut décidé d'adopter une politique d'alimentation et de rechargement du cordon à partir de stocks extérieurs de galets, tout en poursuivant et en adaptant au mieux la politique précédente de construction d'épis. Il s'agit d'une méthode « douce » accompagnée par une poursuite adaptée d'une méthode « dure », démarche suffisamment originale pour être soulignée (DOLIQUE, 1999a ; 1999d). La stratégie de défense contre la mer repose sur deux principes : (1) : la volonté de maintenir le trait de côte sur sa position actuelle, non-acceptation

159

d'une idée de recul planifié ; (2) : compréhension du rôle important que peut jouer le cordon de galets comme matelas souple et malléable. Un apport initial de 300 000 m³ de galets a été injecté sur les secteurs sensibles du cordon, puis des rechargements annuels sont effectués à partir de carrières exploitant des stocks fossiles ou prélevés sur des secteurs du cordon en accrétion, au nord de la flèche, pour un volume de 20 000 m³ par an environ (fig. 3-59). En parallèle, une extension de la batterie d'épis (35 épis supplémentaires) a été réalisée sur le principe d'un calibrage particulier du profil des épis permettant un débordement régulier des galets. Il s'agit donc de ralentir le transit mais non plus de le stopper.

Cette politique de gestion concernant la ressource sédimentaire est ambitieuse, et par conséquent le coût des opérations est très élevé. Prévu à 125 millions d'euros initialement (19 millions d'euros), cette somme aurait plus que doublé, faisant de ce littoral l'un des plus coûteux de France au mètre linéaire. Ce coût est-il justifié ? Cette question est le cheval de bataille de tous ceux qui s'opposent à « l'acharnement thérapeutique » dont fait l'objet ce cordon littoral. L'investissement réalisé ne semble pas en accord avec la valeur intrinsèque des biens économiques à protéger. L'exploitation des galets est maintenant très réglementée en volume, les exploitations agricoles, peu nombreuses, sont en déclin et semblent s'orienter vers des reconversions. Seule la ville de Cayeux (3 000 habitants) justifie un maintient du trait de côte sur sa position actuelle. Afin de justifier les dépenses engagées, des projets de valorisation du milieu sont encouragés, comme le développement du tourisme de nature orienté vers l'avifaune. Se pose alors la question des importants conflits d'usage qui gangrène cette région. Un tourisme ornithologique est-il compatible avec les nombreuses huttes de chasses présentes dans les Bas-champs, surtout lorsque l'on connaît le poids politique des chasseurs dans la Somme ? L'exploitation des galets de silice pour des besoins industriels est-elle compatible avec l'utilisation des galets d'estran pour les besoins du rechargement du cordon ? A l'évocation de ces questions, il est difficile d'envisager une gestion sereine du site dans les conditions actuelles.

Essayer de donner une valeur à un espace afin de justifier son coût de défense contre la mer est totalement contraire à toute logique d'aménagement, quelle que soit la politique de valorisation du site retenue.

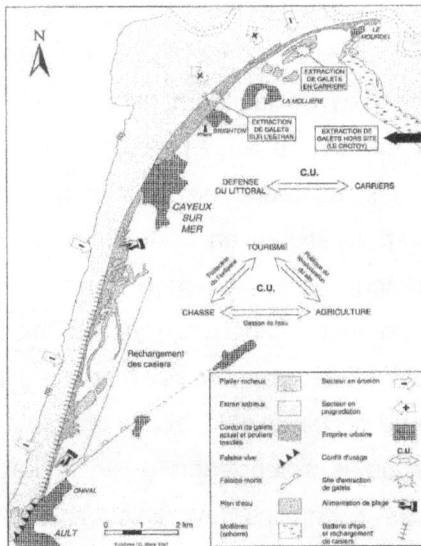

Figure 3-59 : Gestion du trait de côte, Bas-champs de Cayeux (DOLIQUE, 1999a).

Il semble plus raisonnable de devoir envisager dès maintenant une politique de gestion du site à plus long terme. En effet, la ressource sédimentaire n'est pas intarissable et il faudra envisager de se pencher sur les causes de l'érosion plutôt que de

161

gérer ses conséquences. L'idée de rétablir la circulation sédimentaire à large échelle a été évoquée en envisageant de faire franchir aux galets les jetées portuaires par des solutions de *by-pass*. Il s'agit d'un projet concernant les collectivités de deux départements appartenant à deux régions différentes. Ce changement d'échelle semble nécessaire pour appréhender le problème de la gestion de ce littoral sur sa globalité.

3-5-2-2 : *Le « riri » : une solution polynésienne de protection des plages.*

Dans la partie 3-4-2-2, nous avons vu que la plage du PK 18 à Punaauia était soumise à des variations longitudinales de son volume sédimentaire. Les secteurs en érosion sont fragilisés par l'édification de murs en haut de plage pour protéger jardins et villas. A l'inverse, dans les secteurs en accrétion, on trouve des plantations de *crinum asiaticum* en haut de plage. Les analyses (topographiques, photographies aériennes…) effectuées sur ce site semblent montrer de façon indéniable une corrélation entre la présence de cette plante et les dépôts sédimentaires. Il apparaît que les larges rhizomes de la plante, et la faculté d'adaptation de celle-ci aux sols meubles et salés, soient aptes à fixer le sable corallien et constituent ainsi des conditions favorables à l'édification d'une banquette stable (fig. 3-53).

Il semble que, dans un premier temps, cette plante ait été installée sur la plage pour des raisons uniquement esthétiques à la suite de la forte urbanisation du littoral de Punaauia dans les années 70. Les riverains ont ensuite progressivement redécouvert les vertus de cette plante en matière de reconstitution du stock sédimentaire de la plage. Les haies de *Crinum* se sont donc étendues progressivement au devant des murs, contribuant à une restauration plus générale de la plage. Mais des efforts restent encore à produire, notamment sur la section nord de la plage. Il s'agit en tout cas d'une intéressante redécouverte d'une vertu de cette plante, dont les effets sédimentaires étaient, semble t'il, déjà bien connus par le savoir coutumier.

Par ailleurs, *Crinum* n'est pas la seule plante utilisée par les Polynésiens pour tenter de stabiliser leurs côtes. *Ipomea Littoralis*, plante liane déjà bien connue en milieu littoral tropical, est régulièrement plantée sur les hauts de plages afin que son système très étendu de rhizomes puisse fixer les crêtes sableuses, comme dans la Baie du mouillage de Cook, à Tautira. Plante rampante et colonisatrice, elle empêche la déflation par son pouvoir couvrant. Efficace en condition modale, cette plante ne protège pas de l'érosion en situation paroxysmale, mais permet une résilience plus rapide de la plage et donc un retour efficace à une situation d'équilibre. Des pins résistants du type *Casuarina equisetifolia* sont plantés également avec succès le long du littoral de Tiahura, à Moorea. Cependant, dans le contexte de plages fortement dégradées et irrémédiablement déficitaires sur le plan sédimentaire, ces plantations seront inefficaces sans un solide rechargement initial en sable à partir de trop rares sources lagonaires ou estuariennes par exemple. L'utilisation par la suite de plantations de *Crinum* ne peut servir qu'à fixer des volumes sableux préexistants et à contribuer progressivement à les renforcer, dans une optique de gestion durable de ces plages.

Cet exemple montre tout l'intérêt que les Polynésiens peuvent avoir à réutiliser cette technique ancienne au profit de leurs nombreuses plages d'îles hautes, surtout dans le contexte actuel de dégradation des environnements littoraux qui touche plusieurs pays insulaires, notamment dans le pacifique, en relation avec l'élévation constatée du niveau marin.

Les interventions anthropiques visant à agir directement sur les fonctionnements naturels afin d'accompagner au mieux les dynamiques sont de plus en plus courantes. Dans les Bas-champs de Cayeux, on a compris qu'il ne servait à rien de s'opposer de front à l'érosion et qu'il fallait plutôt utiliser le matériau en place et son évolution naturelle dans le cadre d'un retour accompagné à un fonctionnement de protection équilibré. A Tahiti, on a su redécouvrir les vertus d'une technique coutumière ancestrale afin de stabiliser les formations sableuses coralliennes. Ces nouvelles pratiques ne sont possibles qu'avec une connaissance approfondie et de plus en plus optimale du fonctionnement des systèmes naturels littoraux. Une meilleure appréhension des processus complexes d'interactions entre unités morpho-sédimentaires différentes semble vitale pour une bonne réussite des actions de gestion. La perception des articulations morphodynamiques doit pouvoir nous y aider.

3-5-3 : __Adaptations anthropiques : l'homme dominé par la nature__

Depuis le début de la période contemporaine (au sens historique du terme, soit entre le XIXème et le XXème siècle), les géographes se sont demandés quel était le rôle de la nature sur la répartition des hommes, et quel était son degré de domination. Le déterminisme de la nature sur l'homme (RITTER, 1818) s'opposant au possibilisme de VIDAL de la BLACHE (1883). La période plus moderne (XXème siècle) a mis plutôt l'accent sur la domination de l'homme sur la nature, par la maîtrise de la technologie. En matière d'aménagement littoral, l'homme intervient souvent en dominateur, souhaitant imposer sa volonté sur les lois du fonctionnement naturel des milieux. Les sections précédentes de cette partie 3-5 ont montré comment l'homme, par ses interventions, peut engendrer des réactions des systèmes naturels qui peuvent aller à l'encontre des effets escomptés. Après une prise de conscience, l'homme s'est rendu compte qu'il devait mieux comprendre les fonctionnements littoraux afin d'agir en accord avec les processus. Cependant, il reste des situations, rares, où la nature littorale dicte à l'homme ses choix de comportement vis-à-vis d'elle. C'est le cas en Guyane par exemple où les forces en jeu (masses vaseuses considérables, d'origine amazonienne, en circulation) ne peuvent pas réellement être contrariées à l'échelle humaine. Les tendances morphosédimentaires vont donc orienter les décisions anthropiques. Dans d'autres cas, l'absence, plus ou moins volontaire, de moyens financiers et techniques va orienter une politique d'adaptations aux évolutions au lieu d'essayer de les contrarier. C'est le cas au Togo, autour du port de Lomé, où les hommes utilisent, au mieux de leurs intérêts, les morphologies côtières en cours de mutation liées à l'aménagement de la grande jetée portuaire.

3-5-3-1 : *La décharge amazonienne : frein du développement touristique littoral en Guyane*

Comme nous l'avons vu en 3-2-1-2, le littoral guyanais se trouve sous l'influence de la circulation de massifs bancs vaseux d'origine amazonienne. Les phases de banc et d'interbanc induisent donc de fortes dynamiques géomorphologiques et paysagères qui ont représenté un facteur limitant essentiel à l'occupation et l'exploitation du littoral par l'homme, *a fortiori* pour le développement touristique balnéaire.

Sur le plan du secteur économique touristique, la Guyane souffre de la comparaison avec ses sœurs d'outre-mer, notamment des Caraïbes. Les chiffres sont édifiants : l'outre-mer français reçoit environ 2 millions de touristes par an dont près des deux tiers s'orientent vers les Antilles, malgré des structures vieillissantes et un accueil contestable (GAY, 2003a). La Réunion tire son épingle du jeu grâce à un tourisme sportif et écologique ainsi qu'aux produits touristiques combinés avec Maurice. La Guyane (pour des raisons d'image), Mayotte (absence de structures : hôtels, piste aéroportuaire long courrier), Saint-Pierre-et-Miquelon (froid, difficultés d'accès), Wallis-et-Futuna (isolement), sont en retard.

La fréquentation touristique de la Guyane reste très inférieure aux chiffres annoncés aux Antilles comme le montre le tableau ci-dessous :

	Nombre de touristes en 2000	Variation 1998/2000 (en pourcentage)	Rapport région / outre-mer (en pourcentage)
Martinique	526 290	- 4,1	26
Guadeloupe	602 875	-13	29,76
Guyane	**70 000**	**+ 10,5**	**3,45**
Réunion	430 000	+ 10	21,2
Polynésie française	252 000	+ 33	12,44
Nouvelle-Calédonie	109 587	+ 5,5	5,4
Saint-Pierre-et-Miquelon	12 056	+ 17,8	0,6
Mayotte	23 000	+ 102	1,1
ENSEMBLE OUTRE-MER	**2 025 808**	**+ 0,8**	**100**

Tableau 3-2 : La fréquentation touristique en 2000 en outre-mer. (Source : Secrétariat d'Etat au Tourisme, 2004)

La fréquentation touristique en Guyane ne représente que 3,5 % de celle de l'ensemble de l'outre-mer, ce chiffre passe à 4,3 si on ne considère que les départements d'outre-mer ; il passe à 6 si on ne prend en compte que les Antilles.

Il y a très peu de touristes étrangers en Guyane mis à part quelques frontaliers brésiliens et surinamais, commerçants et notables essentiellement, attirés par le « shopping à la Française », bien que de moins en moins intéressant pour eux. Le carnaval de Cayenne, dont la réputation de rythme, de couleur et de convivialité commence à se répandre sur l'Amérique du Sud et les Caraïbes, attire également un nombre non négligeable de Brésiliens et d'Antillais. La fréquentation est donc essentiellement française à 80 % (dont 65 % viennent de la métropole, le reste est issu de la Martinique puis de la Guadeloupe : HODEBAR, 2001). Le motif du séjour est le tourisme d'affaires (La présence du Centre Spatial Guyanais joue un rôle important dans ce contexte), soit 31,2 %, suivi par le tourisme de détente (25,3 %). Le tourisme « affinitaire » (famille, amis de résidents locaux) tient également une place fondamentale, avec 23,1 % (HODEBAR, 2001). Le mode d'hébergement, en lien avec le tourisme affinitaire, est surtout non commercial (à hauteur de 60 %), ce qui constitue un manque à gagner important pour l'économie locale, compensé en partie toutefois par la longueur plus importante des séjours pour ce type de tourisme (20 jours contre 14 pour le tourisme de loisirs), (GAY, 2003a). La fréquentation est certes en hausse de 10,5 % en Guyane entre 1998 et 2000, comparée à la chute concomitante de la fréquentation antillaise. Cependant, un tassement s'est fait sentir en 2002, à relier avec le coût important de la desserte aérienne en situation de monopole et le ralentissement de l'activité spatiale à cette période.

Les raisons qui expliquent le retard guyanais en matière d'attirance touristique sont à rechercher du coté de l'image que la région véhicule à l'extérieur mais reposent également sur un attrait balnéaire déficient lié aux particularités dynamiques et sédimentaires du littoral.

Lorsque l'on demande à un touriste potentiel ce qu'il recherche avant tout pour ses vacances, les réponses sont en majorité : le soleil, la mer – la plage, le dépaysement (DEWAILLY & FLAMENT, 1993). Le mythe des 3S (Sea, Sun and Sand) est encore tenace malgré les percées nettes et récentes du tourisme de découverte et d'aventure sur le marché actuel. Le touriste « hélio-thalassotropiste » choisira donc en priorité une destination offrant des aptitudes de « qualité balnéaire » auxquelles on ajoutera la qualité des structures d'accueil. Ces qualités, la Guyane ne les possèdent pas, ou trop peu.

L'image des tropiques a souvent évolué, passant de paradisiaque (récits émerveillés des grands explorateurs, mythe des « mers du sud » véhiculé par Bougainville ou Cook, philosophes attachés à l'idée de « nature », paysages fantastiques décrits par les voyageurs-romanciers) à répulsive (réputation de malignité des milieux et des hommes, véhiculée par les récits de l'administration coloniale à une époque où l'influence de « l'air frais » sur la santé publique était vanté et où l'on diabolisait les effets « néfastes » de l'atmosphère tropicale chaude et humide), (GAY, 2003b ; CORMIER-SALEM, 2003). Aujourd'hui, l'image tropicale est rapidement portée en parallèle avec celle des vacances. Les paysages de plages de sable blanc, de palmers, de végétation accueillante et généreuse et d'eaux bleu turquoise constituent les clichés de référence à l'exotisme, donc à l'évasion. La Guyane est à cent lieues de ces images d'Epinal. Pour de nombreuses personnes, elle renvoie l'image d'une région très pluvieuse et humide où prolifèrent les maladies, les animaux dangereux et répulsifs de l'enfer vert, comme les serpents et les araignées. Ces images, associées à celles de l'insalubrité et de la misère, trouvent leur origine dans les récits des expériences malheureuses et meurtrières de la colonisation de la région à partir du XVIIème siècle, ainsi que dans la sinistre réputation du bagne. Bien sûr, la Guyane est humide, il y tombe entre 2500 et 3500 mm de pluie en moyenne, ce qui est un petit peu supérieur aux précipitations des Antilles, mais ces pluies sont plutôt réparties sur les reliefs et la forêt intérieure. Les valeurs sur le littoral peuvent être inférieures à 2000 mm par an (GROUSSIN, 2001). Les saisons sèches (mars, et de juillet à décembre), liées aux balancements de la ZIC (Zone Intertropicale de Convergence), sont très agréables et ensoleillées.

L' « enfer vert » est un qualificatif que l'on attribue souvent à la forêt amazonienne. Cependant, rares sont les accidents liés à la faune et à la flore (MARTY, 2002). Quant au paludisme et à la dengue, les cas sont également exceptionnels et limités aux fleuves frontaliers. Les chiffres annoncés sont même très en dessous de ceux des régions africaines et asiatiques de mêmes latitudes (MALATRE, 2001 : GUERNIER *et al.*, 2004).

Par contre, l'environnement littoral est loin de correspondre aux critères attendus par les touristes, du fait de la prépondérance de la vase, des palétuviers et de l'instabilité du trait de côte.

L'un des faits marquants que l'on peut observer en arrivant en Guyane par avion, est le passage au-dessus de deux limites tranchées. La première est la nette délimitation, à quelques kilomètres des côtes, entre les eaux bleues atlantiques et le marron des eaux boueuses du littoral. La seconde est la nette distinction entre la mer et le front forestier de mangrove, passage d'un océan liquide à un océan de verdure végétale. Cette première perception laisse immédiatement à penser que la notion d'interface littorale propice au développement balnéaire n'existe que très peu dans cette région.

La présence d'importantes quantités de vase dans l'eau (variabilité située entre 10 et 400 grammes par litre : LEFEBVRE *et al.*, 2004) offre aux baigneurs une eau totalement opaque qui n'inspire pas confiance au premier abord, à fortiori en milieu tropical. On est loin des transparences lagonaires qui permettent, par l'observation, de faire connaissance avec son lieu de baignade. Par-là même, le baigneur est dans la crainte de faire une mauvaise rencontre avec un animal qu'il ne pourra voir. D'ailleurs, il est indéniable qu'un risque potentiel existe (même s'il est très limité) de rencontrer un caïman perdu dans les eaux côtières à la suite de fortes pluies, ou de marcher sur une raie dont la piqûre provoquée par le dard caudal est extrêmement douloureuse. Mais pour relativiser les choses, la probabilité y est aussi faible que de se faire piquer par un poisson-pierre ou une rascasse volante dans un lagon polynésien.

Pour de nombreuses personnes, la couleur de cette eau est synonyme de pollution, ce qui est tout à fait faux. Certes, on peut trouver des taux de minéraux lourds et de mercure élevés mais cette vase (composée d'illite à 40 %, de kaolinite à 30 %, de smectite à 17 % et de chlorite à 13 % : FROIDEFOND *et al.*, 1988) est saine et les eaux ne sont pas ou peu polluées, sauf très localement, aux débouchés de certains fleuves ou encore au niveau de l'anse de Montabo qui recueille les effluents de la citée Zephyr (SDAGE Guyane, 2001).

Enfin, il reste le problème du contact physique. De par sa plasticité, une majorité de baigneurs trouvent la vase désagréable au toucher. Il s'agit en effet d'un matériau gluant et visqueux, dont il est assez difficile de se débarrasser. Ces éléments peuvent constituer un obstacle infranchissable (physiquement et intellectuellement) pour les pratiques balnéaires. A marée basse, le bas-estran est souvent envasé, ce qui limite l'accès à la mer. Cette vase qui passe par des états variés de fluidité et de viscosité, peut à ce moment là être dangereuse car on peut s'y enfoncer jusqu'à la taille et l'effet de succion rend difficile les efforts pour en sortir. La vase peut même parfois être recouverte par de fins plaquages de sable donnant à la plage un fallacieux aspect de stabilité. De plus, la présence de branches ou souches d'arbres peut blesser sérieusement. Au contraire, à marée haute, la tranche d'eau au-dessus de la vase peut permettre la baignade et l'accès à la mer de matériels de sports nautiques.

La circulation des vases amazoniennes le long des côtes de Guyane, imprimée par les houles d'alizés et le courant nord-Brésil, induit des phases de sédimentation et d'érosion, comme nous l'avons évoqué plus haut (partie 3-2-1-2). En milieu de mangrove, ces phases n'ont pas d'autres incidences que la succession de surfaces de palétuviers de générations différentes. En phase de sédimentation, on peut passer des juvéniles aux adultes en moins de 5 ans, puis aux « cimetières de mangroves » : ces forêts de troncs morts en place, étouffées par les importants taux de sédimentation lors de passages de bouffées vaseuses (DOOD et al. 1998). En phase d'érosion, les Avicennia germinans se trouvent déchaussés et tombent sur l'estran où le bois est blanchi, puis progressivement démantelé par l'eau de mer. Cette situation n'a que peu de conséquences sauf devant les rizières de Mana. Ces surfaces agricoles, érigées sur d'anciennes mangroves à quelques dizaines de mètres du trait de côte, subissent une phase d'érosion et des inondations en situation d'interbanc, très dommageables pour les cultures, comme cela est le cas depuis février 2003 (DOLIQUE,

2004), (photo 8, fig. 3-60). Dans un tel environnement, toute implantation de structures touristiques viables, serait vouée à l'échec, en supposant que le volume de clients attiré par ces aspects de modifications du paysage forestier, soit suffisant. A partir de là, le tourisme littoral ne peut compter que sur la présence des seules plages, peu nombreuses.

Les plages de sable susceptibles d'accueillir des touristes sont en effet assez rares en Guyane. Il existe des plages d'anses protégées par des caps constitués de matériaux métamorphiques, comme c'est le cas pour l'Île de Cayenne ; des plages ouvertes de type « cheniers actifs », constituées de sables anciens repris par la houle, comme celle des Hattes à Awala-Yalimapo, dans l'ouest du département, à l'embouchure du Maroni ; puis les plages artificielles comme celles réalisées à Kourou à partir des cordons anciens intérieurs de « bois chaudat » et « bois diable ». Cependant, ces plages montrent une dynamique qui peut s'avérer contraignante pour le tourisme balnéaire. Un exemple de cette dynamique, constituée de balancements sédimentaires, a été exposé en partie 3-2-1-2. (ANTHONY et al., 2002 ; ANTHONY & DOLIQUE, 2004 ; DOLIQUE, 2004). Pour les rares espaces d'accueil touristique balnéaire de la Guyane, comme les plages de Cayenne par exemple, ces situations d'alternances morphodynamiques posent des problèmes de localisation et d'installation des structures. Le club nautique de l'APCAT qui loue des catamarans et des dériveurs, situé sur la plage de Rémire, s'est trouvé dans une situation délicate lors de la dernière phase de banc qui a concerné cette plage. Avec la vase, empêchant la mise à l'eau des bateaux, le club a du se résoudre à déménager en 2000 vers la plage de Montabo, anse non envasée (photo 1, fig. 3-60). Le matériel a été stocké provisoirement

173

sur cette plage, dans des conteneurs maritimes. En 2004, la situation est inversée. Montabo est envasée et le club est revenu vers ses structures d'origine, la plage de Rémire étant libérée de la vase. Cependant, les bâtiments sont maintenant menacés par le recul de la plage dans cette situation d'interbanc. Il s'agit d'un cas intéressant d'adaptation d'une structure touristique à la dynamique locale. Mais tout le monde ne peut pas réagir de la sorte. Les structures plus lourdes comme les restaurants ne peuvent que s'adapter par la patience. En phase de banc, face au restaurant « l'auberge des plages » (photo 2, fig. 3-60), un paysage de plage a fait place à un paysage de vasière, rapidement colonisé par des propagules d'*Avicennia*, ce qui n'a eu que peu d'effet sur la clientèle finalement. Par contre, les phases d'interbanc, qui rendent la plage à la mer et aux baigneurs, sont paradoxalement plus redoutées. Le père de l'actuel propriétaire du restaurant de plage « L'Oasis », implanté sur Montjoly, a vu son établissement disparaître par le recul de la plage lors d'une phase d'interbanc au cours des années 60. Contraint de reconstruire son restaurant plus en arrière, le commerçant a de nouveau été menacé par l'érosion lors de la phase d'interbanc de 1998, au point de faire ériger un mur d'enrochements devant sa terrasse. Tous les riverains des plages de l'Île de Cayenne se méfient de ces périodes de recul, au point de les nommer localement les « raz de marées » du fait d'un déferlement inhabituel de vagues hautes en l'absence de vase, notamment lors de coups de vents en période de forts coefficients de marée. Cette méfiance des autochtones envers leur littoral fait que les plages de Guyane sont peu fréquentées le week-end, contrairement aux plages antillaises où le pique-nique dominical est une institution. A partir de ces constats, on peut se demander comment les touristes venus de l'extérieur pourraient avoir confiance en un environnement littoral qui rebute les locaux ?

Si, comme on le constate, le développement du tourisme balnéaire semble utopique en Guyane, ne peut-on pas se tourner vers un écotourisme littoral ?

Le développement actuel de l'écotourisme répond à un besoin bien identifié de vacances plus actives et centrées sur un milieu aux caractéristiques naturelles authentiques et préservées. L'augmentation de la fréquentation touristique récente à La Réunion et en Guyane répond à cette vogue (tableau 3-2). L'île de La Réunion a développé ses atouts intérieurs (paysages époustouflants et préservés des cirques, volcan du Piton de la Fournaise, activités sportives...) en l'absence d'un véritable littoral balnéaire. La côte ouest de l'île, où se développe un étroit lagon, dispose de plages fréquentées (pour beaucoup localement) et des structures d'accueil agréables, mais l'offre touristique sur l'Océan Indien propose de plus en plus des produits groupés de type « package » comprenant quelques jours à vocation sportive à La Réunion et quelques jours de repos balnéaire à Maurice, dont les plages et les hôtels répondent mieux aux exigences des touristes actuels. La Réunion, dans ce contexte, se spécialise de plus en plus vers un écotourisme de découverte sportive.

Avec ses arguments naturels incontestables, la Guyane dispose d'un potentiel pour suivre l'exemple et devenir, pourquoi pas, un modèle de tourisme écologique. Les autorités locales l'ont d'ailleurs bien compris puisqu'ils ciblent un support touristique privilégié : l'eau (marais, criques, fleuves, lac). Le fleuve est le moyen de pénétration privilégié vers la forêt et l'idée d'aventure et d'exploration contrôlée. On dénombre une vingtaine de structures d'accueil en forêt de type « campement forestier isolé » où les touristes peuvent se retrouver pour dîner sous un carbet (abri composé de branchages, feuilles et poutres, généralement ouvert sur les cotés) et peuvent dormir dans des hamacs. La région Guyane est intimement convaincue que l'environnement naturel constitue une source de revenus touristiques potentiellement importants et a mis au point récemment une « charte régionale pour un écotouriste respectueux de la nature en Guyane ». Ce document est disponible dans tous les offices de tourisme et imprimé dans les guides touristiques d'audience nationale et internationale. De nombreuses petites entreprises locales de tourisme proposent des randonnées nature ou des « expéditions » en pirogue allant de un jour à une semaine d'immersion forestière, en compagnie de guides locaux qui connaissent bien la forêt et qui font partager leurs savoirs sur la faune, la flore, les franchissements de « sauts » ou la mise en place d'un campement. Un effort est également fait sur le plan de la communication où l'on souhaite montrer la Guyane comme étant l'un des derniers terrains de la planète où l'on peut pratiquer un tourisme d'aventure authentique tout en restant sécurisé. Depuis 2003, une campagne de presse va dans ce sens et semble porter ses fruits, reposant sur le slogan « la Guyane : personne ne vous croira ». Sur le plan culturel, la frange littorale guyanaise peut également mettre en avant son patrimoine archéologique (Géoglyphes, roches gravées et polissoirs Arawak, peintures rupestres…), historique (ruines du bagne) voire technologique (Pas de tir d'Ariane, musée de l'espace, salle Jupiter au Centre Spatial Guyanais). A noter enfin qu'il existe en Guyane un tourisme non négligeable de « prédation » : clubs de chasse métropolitains organisant des « safari » en forêt, pêche au Tarpon devant les îles du Salut. Ces pratiques doivent être réglementées et surveillées afin qu'elles ne touchent pas le réservoir de faune protégée et internationalement reconnu, notamment sur le plan ornithologique.

Si l'écotourisme guyanais repose sur la découverte de régions intérieures, peut-on envisager de développer un écotourisme littoral ? La présence d'importantes mangroves à proximité des lieux de vie et de la route nationale pourrait être un atout pour la découverte de ces milieux amphibies. Mais leur forte dynamique interdit la mise en place de structures de découverte comme des chemins de bois par exemple. L'expérience à Mayotte de la construction d'un chemin de ce type n'a pas été positive, celui-ci ayant été détruit par les éléments en moins d'un an. La réalisation d'un chemin d'observation sur les Salines de Montjoly (marais d'eau lagunaire) ou encore la tour d'observation réalisée par le Conservatoire du Littoral sur le marais Yiyi, sont des succès sur le plan de la fréquentation mais restent trop ponctuels. D'autre part, les tours-opérateurs locaux semblent vouloir éviter la frange littorale pour des raisons de difficultés d'accès. Le circuit de découverte du marais de Kaw, réalisé en pirogues ou carbets flottants, évite volontairement de s'aventurer vers l'estuaire du Kaw afin de ne pas risquer de s'échouer sur les imprévisibles hauts-fonds vaseux.
Cependant, il existe un potentiel de découverte écotouristique vers les plages, dont le fer de lance porte le nom de *Dermochelys coriacea* (la tortue Luth). La présence de cette tortue, ainsi que les tortues Vertes (*Chelonia mydas*) et Olivâtres (*Lepidochelys olivacea*) est une chance pour les touristes intéressés par le comportement animal d'espèces menacées. Ces reptiles marins trouvent en Guyane l'une de leurs dernières zones de reproduction et de ponte (FRETEY, 1987 ; 2005). Les femelles viennent pondre

sur la plage, la nuit, à marée haute. Les menaces viennent de l'Homme (les œufs de tortues sont très recherchés pour leur goût mais cette cueillette est interdite, d'où un braconnage constant) et la vase, puisqu'il n'est pas rare que les tortues s'enlisent jusqu'à la mort. Des associations (Kwata par exemple) ont pour rôle l'observation et la conservation de ces espèces. La demande touristique envers l'observation des tortues est croissante, notamment sur la plage des Hattes (site de ponte de réputation internationale), et la création d'une écloserie à vocation didactique à Montjoly, va dans le sens d'une intéressante réponse à la demande écotouristique. Cependant, ces sites de ponte ont une existence précaire liée à la dynamique propre des plages et l'écloserie de Montjoly doit, elle aussi, déménager régulièrement, menacée par les fronts d'érosion proches en situation d'interbanc (photo 3, fig. 3-60). L'écotourisme littoral en Guyane est peu développé si on le compare avec celui pratiqué à l'intérieur de la région. Cependant, les atouts potentiels existent et la découverte d'un littoral naturel et dynamique intéresse de plus en plus de touristes curieux.

En dehors de ces contraintes de développement touristiques, la dynamique du littoral influence fortement les grandes décisions d'aménagement du territoire. La mise en place d'espaces agricoles est coûteuse et périlleuse sur les terrains les plus proches de la mer. La disparition progressive actuelle des rizières de Mana est là pour en témoigner. Le maintien de l'accès portuaire (port de pêche du Larivot, port de commerce de Dégrad-des-cannes, port spatial de Kourou-Pariacabo) est problématique car les volumes vaseux en circulation demandent un effort de dragage constant et là aussi coûteux (photo 6, fig. 3-60). Et en dehors des deux seuls appointements rocheux de Cayenne et Kourou, toute implantation urbaine est impossible en bord de mer.

La Guyane dispose d'un littoral dont les particularités physiques (fortes mobilités morphosédimentaires), sont singulièrement incompatibles avec un tourisme balnéaire de masse et contrecarrent les décisions d'aménagement et de développement. Pour faire le contre-pied de cet état de fait, la Guyane se tourne maintenant vers un écotourisme de dépaysement et d'aventure d'où ressortent des atouts incontestables qui s'appuient sur une diversité naturelle, des écosystèmes préservés et des patrimoines écologiques, historiques culturels et technologiques. Ces points forts autorisent bien des espoirs pour l'avenir de cette philosophie touristique différente, basée sur l'authenticité et la découverte. La région évite donc le cliché de l'attraction littorale basé sur le sable et les palmiers, un choix avant tout dicté par les conditions environnementales. La Guyane a longtemps souffert du retard pris en matière de tourisme balnéaire par rapport à ses sœurs antillaises. Mais maintenant, la région se retrouve en position idéale pour aborder le virage de l'écotourisme. Et dans ce domaine, le littoral guyanais ne manque pas d'arguments qui laissent présager un avenir prometteur.

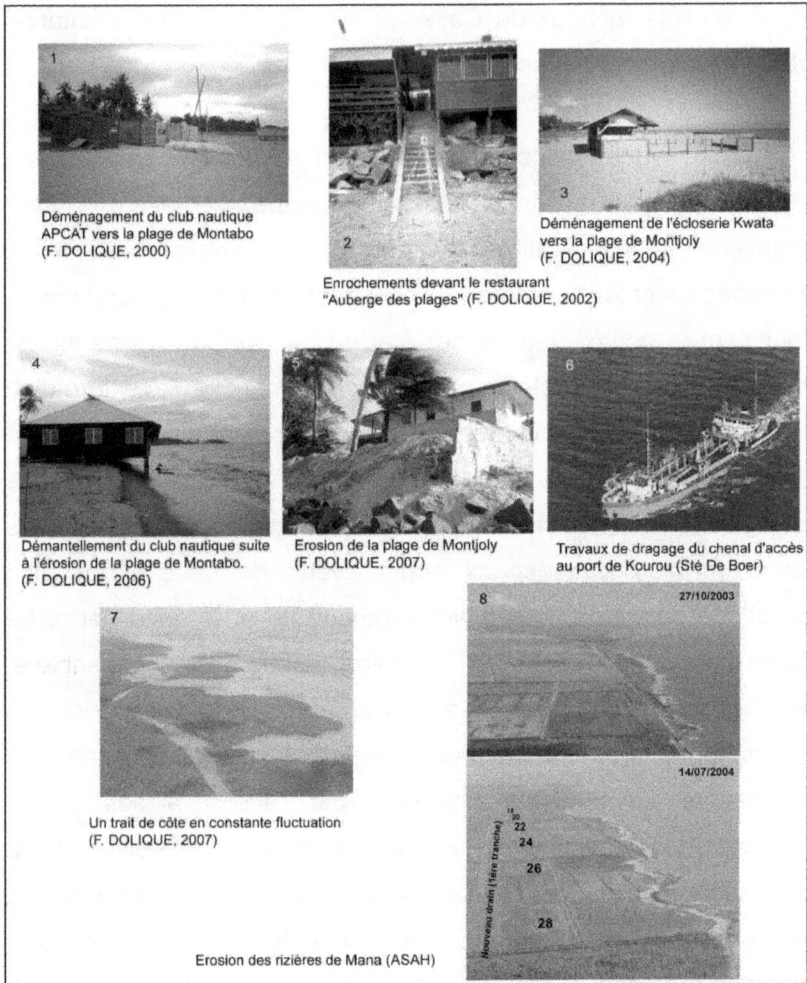

Déménagement du club nautique
APCAT vers la plage de Montabo
(F. DOLIQUE, 2000)

Enrochements devant le restaurant
"Auberge des plages" (F. DOLIQUE, 2002)

Déménagement de l'écloserie Kwata
vers la plage de Montjoly
(F. DOLIQUE, 2004)

Démantellement du club nautique suite
à l'érosion de la plage de Montabo.
(F. DOLIQUE, 2006)

Erosion de la plage de Montjoly
(F. DOLIQUE, 2007)

Travaux de dragage du chenal d'accès
au port de Kourou (Sté De Boer)

27/10/2003

14/07/2004

Un trait de côte en constante fluctuation
(F. DOLIQUE, 2007)

Erosion des rizières de Mana (ASAH)

Figure 3-60 : Quelques conséquences visibles de la dynamique du littoral guyanais
pour l'aménagement.

3-5-3-2 : *Adaptation et utilisation des formes péri-portuaires : le cas de Lomé, Togo*

Les circulations sédimentaires longitudinales (longshore drift), impulsées essentiellement par la dérive littorale, sont souvent perturbées par des obstacles transversaux naturels (embouchures, caps...) ou anthropiques (épis, jetées portuaires).

A l'amont-dérive, les sédiments bloqués par l'obstacle s'accumulent pour former un prisme sédimentaire de plus en plus large. A l'inverse, en aval-dérive de l'obstacle, le bilan sédimentaire devient fortement négatif par carence et le trait de côte recule rapidement.

Les jetées portuaires constituent l'un des principaux obstacles à la dérive littorale. Cette situation touche de nombreux ports dans le monde et les techniques de rétablissement du transit (*by-pass* par aspiration, transport des sédiments par la route...) sont coûteuses. Ce problème est particulièrement sensible sur les côtes où la dérive sédimentaire longitudinale est marquée, comme en Afrique de l'ouest par exemple. Les ports de Nouakchott (figure 3-61), Accra, Cotonou ou Lomé sont des exemples frappants où les jetées amont-dérive, stoppent le transit naturel du sable. Les jetées doivent régulièrement être allongées pour faire face à la forte accrétion du prisme sédimentaire. Ce blocage a pour conséquence de priver le trait de côte en aval-dérive de son alimentation en sédiments. Un net recul touche alors de nombreux kilomètres de littoral.

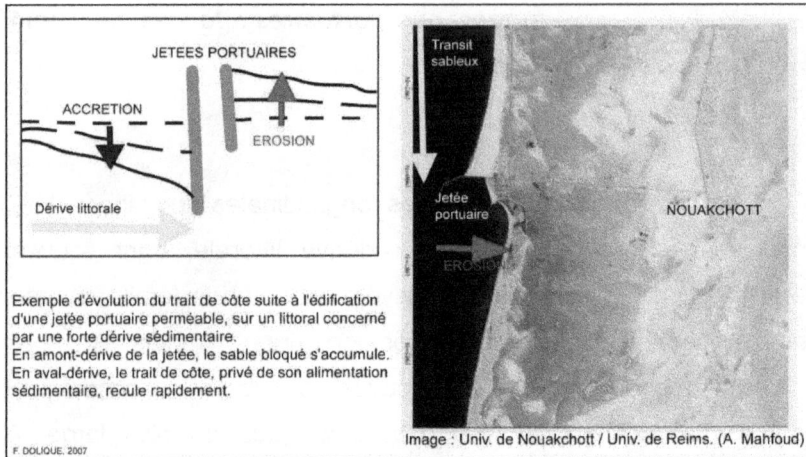

Exemple d'évolution du trait de côte suite à l'édification
d'une jetée portuaire perméable, sur un littoral concerné
par une forte dérive sédimentaire.
En amont-dérive de la jetée, le sable bloqué s'accumule.
En aval-dérive, le trait de côte, privé de son alimentation
sédimentaire, recule rapidement.

F. DOLIQUE. 2007

Image : Univ. de Nouakchott / Univ. de Reims. (A. Mahfoud)

Figure 3-61 : Exemple d'évolution péri-portuaire suite à l'édification d'une jetée perméable

Comme nous l'avons évoqué en 3-2-2, Le port de Lomé, construit en 1967, comprend deux jetées, dont une majeure (jetée ouest) de 1 700 m. Cette jetée interrompt le transit littoral sableux en provenance de l'estuaire de la Volta. Le prisme sédimentaire ainsi bloqué à l'ouest de l'ouvrage représente une accrétion de plus de 1 000 m en 40 ans. A l'inverse, à l'est du port, en aval-dérive, la plage a reculé de plus de 500 mètres par absence de fourniture sédimentaire, découvrant un beachrock massif (voir partie 3-2-2).

L'intérêt de cet exemple ne réside pas en la description de l'interaction jetée portuaire / dérive littorale, assez classique, mais plutôt dans le mode d'utilisation par les Togolais de ces dynamiques sédimentaires assez récentes (DOLIQUE, 2005). En effet, l'accumulation rapide du prisme sableux depuis 1967 (250 m/décennie) a généré un gain d'espace non négligeable pour une population togolaise toujours plus confinée dans sa capitale. Le

182

sable et les limons, ainsi que la présence d'une nappe d'eau de pluie à faible profondeur ont fait de ce site un emplacement intéressant pour de la culture maraîchère, idéalement positionné à quelques dizaines de mètres du marché (photo 2, fig. 3-62). Des cultures de tubercules (manioc, patate douce, igname...), de fruits (bananes, papayes, avocats, jacquiers, ananas, cocoteraie de 25 ha...), de légumes (tomates, concombres, arachides, oignons...) ont été mises en place par de petits producteurs qui paient une dîme de concession. Différents bassins équipés de pompes ont été installés afin de récupérer l'eau de pluie qui s'est accumulée dans le prisme sableux sous forme de lentilles, pour l'irrigation (photo 1, fig. 3-62). Enfin, dans les années 70, un hôtel fut construit sur la plage afin de profiter de la proximité de la mer et de l'étendue de sable. Profitant de la largeur croissante de la plage, des travaux d'agrandissement furent menés en 1993, en particulier pour étoffer le jardin. Sa piscine de 50 m puise son eau directement dans la nappe de la plage (photo 3, fig. 3-62).

A l'opposé, les plages de Gbésogbé et Doévi sont en érosion marquée. Le recul a d'abord exhumé en beachrock massif composé de 5 à 8 dalles gréseuses qui isolent une lagune de 60 à 70 mètres de large (voir partie 3-2-2). L'opportunité de la présence de cette pièce d'eau calme (à l'exception de la proximité des passes aux mi-marées montantes et descendantes) a toute suite été exploitée. En effet, la population togolaise, même les pêcheurs, craint l'eau, en particulier les vagues et les barres de déferlement. Sur la plage de Lomé, le prisme d'accumulation présente un profil raide dans la zone de swash. Par conséquent les vagues y sont hautes et les courants de retours rapides. Les noyades sont courantes. Les Togolais, en particulier les classes sociales les plus élevées,

183

préfèrent se rendre sur la plage de Doévi, protégée de la houle par le beachrock (photo 4, fig. 3-62). Des établissements de loisirs, des plus modestes (paillotes de grillades) aux plus distingués (restaurants de haut de gamme) ont été rapidement créés. Ces établissements proposent aussi parfois la mise à disposition de chaises longues. La baignade y est encouragée par les autorités.

Cet exemple démontre bien la forte capacité d'adaptation de certaines sociétés face aux mutations environnementales. Si le Togo a pu investir dans la construction d'un port pour faire face à la demande croissante des échanges commerciaux, les autorités ne se soucient guère d'agir sur les modifications sédimentaires que la jetée portuaire à pu engendrer. La population locale ne peut que s'adapter à ces nouvelles évolutions de son littoral, plutôt que d'essayer de les contrecarrer. L'inventivité, liée aux impératives nécessités de cette population africaine, s'est sublimée afin d'utiliser au mieux de ses intérêts l'évolution de son littoral.

Port de Lomé; image DigitalGlobe
issue de Google Earth, 2005.

Plage de lomé : prisme sédimentaire accumulé
en amont-dérive de la jetée portuaire (image
Internet PHOTOVAULT)

Constitution de citernes et pompage de la nappe
(FD, 2003)

Paillotes (grillades et boissons) sur la plage de
Doévi (arrière-plan à gauche). La baignade dans
la lagune en arrière du beachrock y est
encouragée (FD, 2003).

Jardins maraîchers mis en place sur le prisme
sableux (FD, 2003).

Réalisation et agrandissement d'un complexe
hôtelier (Mercure - Sarakawa) sur le prisme sableux
(carte postale)

F DOLIQUE, 2007

Figure 3-62 : Utilisation des évolutions sédimentaires péri-portuaires par la population
de Lomé, Togo.

Ces deux exemples montrent comment une réalité morphosédimentaire peut s'imposer sur les décisions d'aménagement et les choix de gestion. En Guyane, l'ampleur des éléments en jeu (masses sédimentaires, vitesses des variations de position du trait de côte et des changements de paysages) démontrent que le déterminisme de la nature sur l'homme est encore possible. Des actions sont parfois lancées par nécessité (dragage des ports) mais l'adaptation anthropique reste de mise. Au Togo, l'évolution d'origine anthropique du trait de côte pourrait être techniquement contrecarrée. La volonté politique, d'origine financière, n'est pas présente pour enrayer le processus. Une adaptation, dictée par des nécessités économiques et sociales d'une population majoritairement pauvre, et mettant en exergue une certaine créativité, s'est imposée. Parfois, pour certaines sociétés humaines des espaces intertropicaux, en particulier en Afrique, tout peut potentiellement s'utiliser, les surfaces en accrétion comme celles en érosion ; exemple assez significatif du dogme « Vidalien » : *la nature propose, l'homme dispose.*

4 – DISCUSSION

Dans la partie 2 de ce livre, nous avons essayé de définir le concept d'articulation morphodynamique. Cette notion se propose de caractériser les liens fonctionnels entre deux ou plusieurs « unités », sous la domination d' « agents ». Les unités sont des ensembles sédimentaires, morphologiques ou même végétaux, disposant d'une certaine cohérence. Les agents sont des phénomènes, essentiellement hydrodynamiques mais aussi météorologiques, qui agissent sur une unité par le biais de processus complexes, plus ou moins bien identifiés dans certains cas.

Une relation morphodynamique « forme – agent » induit classiquement un effet dynamique, des évolutions intrinsèques de la forme mais aussi des modifications en retour sur les caractéristiques physiques de l'agent. Lorsque deux ou plusieurs unités sont présentes dans un système littoral, les relations entre ces unités deviennent uniformes ou alors multi-variées. La disposition des unités les unes par rapport aux autres peut jouer un rôle dans l'action du (des) agent(s). Les liaisons fonctionnelles entre les unités peuvent-elles conduire à des réciprocités équilibrées, des réorganisations mutuelles ? De même, La présence d'une unité peut parfois induire une relation d'influence unilatérale sur une autre unité. Enfin, des facteurs exo-sédimentaires (surfaces végétales, actions anthropiques) peuvent-ils être définis comme unités ou comme agents et dans quelle mesure ? A partir des exemples fournis dans la partie résultats de ce livre, peut-on dégager un essai typologique ?

Autant de questions dont il faudra apporter, au moins, des éléments de réponse.

4-1 : L'ARTICULATION ÉQUILIBRÉE EXISTE T'ELLE ?

Dans un système littoral, il n'est pas rare que plusieurs ensembles morpho-sédimentaires se côtoient. Les études morphodynamiques se concentrent la plupart du temps sur les relations et les processus fins, à micro-échelle, entre un (ou plusieurs) agent(s) et un ensemble sédimentaire relativement homogène. Or, les études portant sur des milieux mixtes restent encore assez confidentielles, même si une porte est maintenant nettement ouverte depuis quelques années sur les milieux sables-galets (DOLIQUE & ANTHONY, 1999 ; SAN ROMAN-BLANCO *et al.*, 2006 ; IVAMY & KENCH, 2006). Appréhender le fonctionnement de plusieurs unités morphosédimentaires demande que l'on s'intéresse aux ajustements entre les formes et/ou sédiments. Ces ajustements conduisent la plupart du temps à des organisations texturales (tri granulométrique), voire structurales dans certains cas (modification architecturale d'une forme liée à la présence d'une autre).

L'exemple présenté en 3-3-2 illustre un cas de réorganisation granulométrique. En Guyane (mais l'exemple pourrait être également pris dans tout autre milieu mixte similaire : Louisiane, Suriname, Sunderbans, embouchures d'Afrique de l'ouest…), l'érosion de la mangrove conduit souvent à une ségrégation entre la vase (qui se désolidarise et se remet en suspension) et les grains sableux issus de stocks anciens fluviatiles. La houle, dont la compétence de mobilisation va s'exercer de façon différentielle, va réaliser un travail de ségrégation granulométrique. Par l'effet d'inertie des particules plus lourdes et plus denses, les sables vont s'accumuler en haut de plage pour former un cordon posé sur une base vaseuse. Un nouvel équilibre va se former, qui sera surtout dépendant de la pente naturelle des deux corps sédimentaires, elle-même dépendante de la houle modale.

L'exemple de la partie 3-3-3 montre comment une forme peut subir des transformations au contact d'une autre. Un cordon sableux, mu par la dérive littorale, vient se poser sur une plate-forme vaseuse non encore totalement compactée. La variabilité de compressibilité des deux ensembles sédimentaire, alliée à un différentiel de charge largement à l'avantage de la forme sus-jacente va entraîner un tassement du corps vaseux lié à une expulsion de son eau interstitielle et un effondrement du corps sableux sur lui-même. Cependant, cette morphologie, liée à une réorganisation de type accidentelle (pulsation de dérive), reste très éphémère.

Ces situations sont-elles représentatives de réorganisations conduisant à un état d'équilibre ? Dans l'exemple des gradins de plage de Montjoly, ce n'est pas le cas. Cela pourrait l'être dans la situation des cheniers, à condition que la houle ait une incidence parfaitement « normale » (dans le sens angulaire du terme), ne générant aucune dérive longitudinale. Cette situation est très rarement observée dans ces milieux présentant une forte énergie hydrodynamique.

Les inter-stratifications observées sur les plages de Cayenne peuvent être envisagées comme une organisation sédimentaire équilibrée. Mais est-ce réellement durable ? Sur le court terme, on peut envisager un équilibre entre un haut de plage sableux et une base vaseuse, parcourus par une translation tidale transférant l'énergie de la houle sur le profil. A marée basse et montante, les vagues fluidifient et transportent la vase de bas-estran vers le flanc du cordon sableux. A marée haute et descendante, elles font glisser le sable sur la lamelle de vase précédemment déposée. A terme, cette situation provoque la mise en place d'un corps mixte inter-stratifié relativement régulier. Or, sur le long terme, l'élimination progressive en Guyane des corps vaseux en situation d'interbanc fera disparaître cette réorganisation mutuelle des sédiments.

Dans les systèmes littoraux, il arrive parfois de rencontrer des équilibres durables entre une forme et un agent, à condition que cet agent ne soit pas sujet à de trop fortes variabilités (tempêtes, événements paroxysmiques…) et que le niveau énergétique modal soit suffisamment calme (vagues de faible hauteur et amplitude). Cette situation peut être observée dans certains lagons coralliens par exemple. En dehors de ces situations, qui sont de toutes façons précaires, l'équilibre ne semble pas être possible dans une articulation morphodynamique, quelles que soient les échelles de temps et d'espace envisagées.

La présence de deux (ou plus) corps morpho-sédimentaires va induire inévitablement un différentiel énergétique de la part d'un agent. Ce différentiel (variation de la hauteur et de l'énergie d'un déferlement par exemple) peut être induit par une granulométrie et/ou une pente (les deux paramètres étant liés). Tant que ce différentiel existera, renforcé qui plus est dans certains cas par le marnage et la translation tidale, les réorganisations sédimentaires mutuelles ne pourront conduire à un réel état d'équilibre dynamique.

Ce déséquilibre va induire inévitablement des situations où l'évolution d'une unité morpho-sédimentaire sera déterminée par l'évolution d'une autre.

4-2 : <u>LE COUPLE DOMINANT – DOMINÉ ET LA DIMENSION DES INFLUENCES</u>

Le concept de morphodynamique s'appuie sur des notions de réciprocité des processus entre forme et agent. Cette réciprocité peut s'appliquer aussi aux relations entre des unités morpho-sédimentaires différentes. Les exemples fournis en 3-1 et 3-2 montrent comment s'organisent mutuellement des formes sédimentaires sous le contrôle d'un même contexte hydrodynamique. On a pu constater que l'évolution d'une unité influait sur l'évolution d'une autre unité. Et que la réorganisation de cette seconde unité pouvait en retour influer partiellement sur la première. C'est le principe de l'articulation. Cependant, dans de nombreux cas, cette réciprocité n'est pas équilibrée et on assiste à une prise de contrôle d'une dynamique d'unité sur une autre. Le couple sédimentaire va donc fonctionner en situation de couple dominant – dominé.

Le cordon des Bas-champs de Cayeux est constitué d'un corps en galets posé sur une base sableuse (3-2-1-1). Les relations entre les deux corps sédimentaires sont de deux types : (1) : la vitesse de transit longitudinal des galets dépend du niveau

191

altitudinal de la plate-forme sableuse ; (2) : la présence ou l'absence de sable interstitiel va jouer un rôle sur la cohésion d'ensemble de la forme et va influer sur sa vitesse d'évolution. Le facteur dominant de cette organisation réciproque reste le contrôle altitudinal de la base sableuse sur l'évolution du cordon graveleux.

Cet exemple permet déjà d'évoquer quel est le rôle de la distribution spatiale des éléments morpho-sédimentaires dans leur organisation mutuelle. A Cayeux, le cordon étant situé au-dessus d'une plate-forme sableuse, la disposition des éléments est **verticale** et l'élément dynamique moteur est la verticalité de la translation tidale. Le principe est le même pour les organisations sable – vase en Guyane liées à la ségrégation sédimentaire, avec un corps sableux situé au-dessus du corps vaseux (stratifications de contact : 3-3-1 ; cheniers : 3-3-2 ; gradins de plage : 3-3-3). Les articulations comportant une unité végétale (3-4-1 et 3-4-2) s'organisent également de cette façon, avec un ensemble végétal se surimposant à un substrat sédimentaire, le tout sous une domination dynamique liée à un facteur topographique.

La disposition spatiale des éléments peut également être **horizontale**. Dans ce cas de figure, c'est la juxtaposition des éléments dans un plan qui sera primordiale et non leur superposition. L'exemple des balancements sableux des plages de Cayenne (3-2-1-2) entre dans ce cadre. La position des bancs de vase va influer le sens de circulation du transit sableux en modifiant le champ de propagation de la houle et en induisant des gradients d'énergie horizontaux. Les exemples cités concernant les beachrocks (3-2-2) entrent aussi dans cette catégorie. La position d'un beachrock dans l'espace va influer sur les modes de déferlement dans la dimension transversale et dans la canalisation des reflux dans la dimension longitudinale. Certes, dans le cas des beachrocks, la dimension verticale topographique n'est pas à négliger puisque la translation tidale va jouer un rôle, en particulier pour le cas du Togo, dans la mobilisation des sédiments de haut de plage. Mais le caractère dominant est l'organisation spatiale du beachrock par rapport à l'ensemble du système plage qui va régir l'organisation longitudinale et transversale des agents hydrodynamiques et influer sur la distribution des sables.

4-3 : <u>LE RÔLE DES PARAMÈTRES BIOTIQUES</u>

Les études à caractère dynamique concernant les relations entre des ensembles sédimentaires et biotiques restent confidentielles, bien qu'elles tendent à augmenter avec la vision de plus en plus intégrée des études littorales. La bio-géomorphologie reste très peu présente en France.

Dans un fonctionnement en articulation morphodynamique, les paramètres biotiques vont définir toutes les influences, végétales comme animales ayant un impact sur le comportement des formes sédimentaires. L'étude du rôle que peut jouer une plante fixatrice, comme l'oyat par exemple (*Amnophila arenaria*), a été très tôt perçue dans le cadre de la gestion des dunes (MAITI & THOMAS, 1975 ; PHILLIPS & WILLETTS, 1978 ; VAN DER MEULEN *et al.*, 1989 ...) ; la responsabilité de la végétation sur l'exhaussement des schorres en marais maritime ou estuaire a également été dissertée (HARTNALL, 1984 ; WELLS *et al.*, 1990 ; VERGER, 2005 ...) ; ou encore l'effet de la présence des herbiers sub-tidaux sur la fixation des fonds, comme les phanérogames dans les lagons coralliens ou les posidonies sur les avant-plages méditerranéennes (GUILCHER, 1988 ; KELLETAT, 1997 …). Encore plus rares sont les études traitant du rôle joué par certaines espèces animales sur la sédimentation, comme la bioturbation des estrans sableux et vaseux (COLLINSON et THOMPSON, 1982).

Les études de cas abordées dans ce livre (3-4) envisagent les relations du couple sédiment – végétation (articulations phyto-morphodynamiques) sous une approche privilégiant la notion d'influence et de conséquence de la variation d'un des éléments du couple sur l'évolution du système littoral. Deux tendances ont été dégagées. Une articulation phyto-morphodynamique est une articulation de type verticale, telle que définie ci-dessus, puisque l'unité végétale est sus-jacente au corps sédimentaire. Sur cet axe vertical, la relation d'influence est soit montante (influence de la dynamique sédimentaire sur la répartition végétale), soit descendante (influence du couvert végétal sur les évolutions sédimentaires).

L'articulation phyto-morphodynamique **ascendante** peut s'exercer par commandement topographique (colonisation des bancs vaseux par les propagules de mangrove en Guyane : 3-4-1-1), ou par l'influence d'un flux sédimentaire (érosion – sédimentation d'estran et mangrove à Mayotte : 3-4-1-2).

L'articulation phyto-morphodynamique **descendante** est souvent liée au rôle que la plante va jouer en dissipant l'énergie hydrodynamique et en fixant le sédiment par ses rhizomes. *Spartina anglica* (3-4-2-1) et *Crinum asiaticum* (3-4-2-2) sont de bons exemples de plantes halophiles capables de piéger des sédiments en ayant pour conséquences d'élever le substrat (Spartines en Baie de Somme) ou en captant durablement une dérive, comme le Crinum à Tahiti.

L'homme peut-il être considéré comme un facteur biotique intervenant dans des systèmes articulés littoraux ? La question est philosophique. Si l'homme est un animal (DESCARTES), il fait partie du système naturel, s'il est considéré comme un être de raison et de culture (ARISTOTE), il doit être envisagé à part, comme un élément certes influent, en conscience ou non, mais en dehors du système.

Pour cette dernière raison, l'homme ne peut être considéré comme un élément à part entière d'un système morphodynamique articulé. Son action sur le littoral et son influence, volontaire ou non, sur les processus est indéniable. Cependant, il est plus prudent d'évoquer une « aire d'influence anthropique » qui agirait en qualité de déclencheur ou de modérateur des processus et des forces en jeu. Pourtant, sa présence et ses actions pourraient être « articulées » avec les systèmes littoraux de différentes façons : (1) comme perturbateur involontaire du milieu (aggravation de la sédimentation en Baie de Somme : 3-5-1-1 ; Passe de Tiahura, Moorea : 3-5-1-2) ; (2) : comme modérateur (efficace ou non) des évolutions naturelles qui pourraient lui être néfastes (à grand renfort de moyens comme à Cayeux : 3-5-2-2 ; ou plus modestement avec des plantations comme à Punaauia : 3-5-2-1) ; (3) : il peut subir lui-même un déterminisme de la nature et s'avouer techniquement ou financièrement impuissant (vase en Guyane : 3-5-3-1). Mais même dans ce cas, il peut toujours faire preuve d'adaptation (aménagement des morphologies péri-portuaires au Togo : 3-5-3-2).

4-4 : LES MODÈLES D'ARTICULATION : SYNTHÈSES GRAPHIQUES

A partir des développements précédents, nous avons les moyens d'engager des déclinaisons de définition de la notion d'articulation morphodynamique. Pour rappel, voici quelle est la proposition de définition évoquée en partie 3 : *L'articulation morphodynamique définit les liens fonctionnels entre deux ou plusieurs unités morpho-sédimentaires régies par leurs agents dynamiques. Cette articulation induit des évolutions interactives entre ces unités, en influences mutuelles.*

La figure 2-1 reprend ce concept :

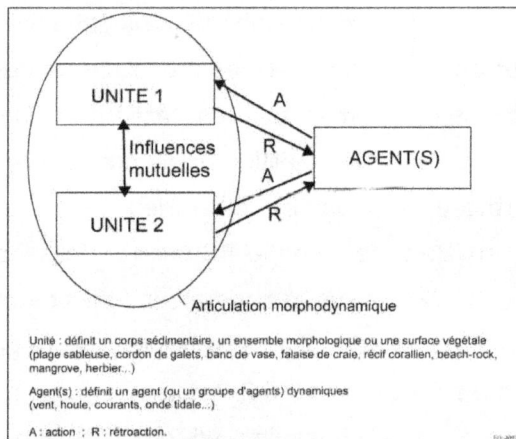

Figure 2-1 (reprise) : le concept d'articulation morphodynamique en influence mutuelle équilibrée.

196

La double flèche représentant les influences mutuelles entre deux unités laisse à penser que cette relation est équilibrée. Or, les exemples traités ici montrent que nous sommes dans des systèmes dynamiques et par définition instables. Dans la plupart des cas, la présence (et l'évolution éventuelle) d'une unité influence l'évolution d'une autre, sans que la rétroaction soit forcément de même niveau.

La figure 4-1 présente un exemple d'articulation de couple dominant-dominé, en liaison d'influence verticale, à partir de l'étude de cas des Bas-champs (3-2-1-1).

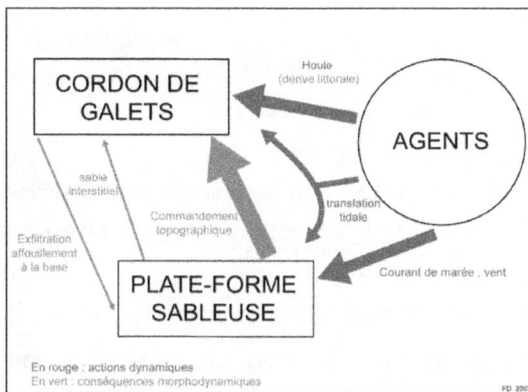

Figure 4-1 : modèle de fonctionnement d'articulation morphodynamique à influence verticale (exemple du cordon de La Mollière, Bas-Champs de Cayeux)

Pour illustrer l'articulation morphodynamique à influence horizontale, la figure 4-2 va mettre en évidence la juxtaposition des unités côte à côte. Sur les plages de Cayenne, la relation vase – sable étant spatialisée sur un plan, la dimension verticale (altitudinale) est plus limitée.

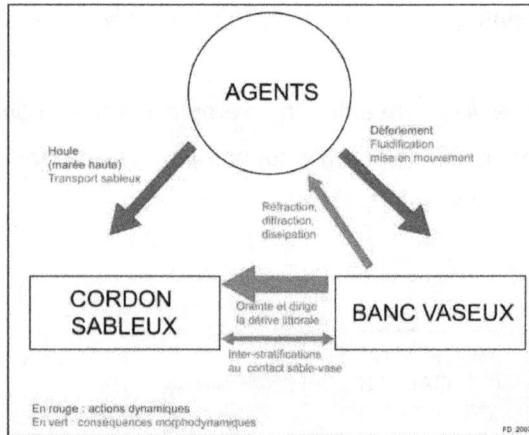

Figure 4-2 : Modèle de fonctionnement d'articulation morphodynamique à influence horizontale (exemple des plages de Cayenne).

Par définition, l'articulation morphodynamique ne peut exister sans la présence d'un agent dynamique, qui va répartir son influence de façon différentielle sur les diverses unités constitutives. Il est possible parfois que l'influence principale d'articulation ne s'exerce pas directement entre les unités elles-même mais plutôt en relation intermédiaire avec l'agent. C'est le cas à Papara (3-2-1-3) où le récif va influencer l'hydrodynamique lagonaire, qui va elle-même influencer le développement d'une flèche de sable noir (figure 4-3).

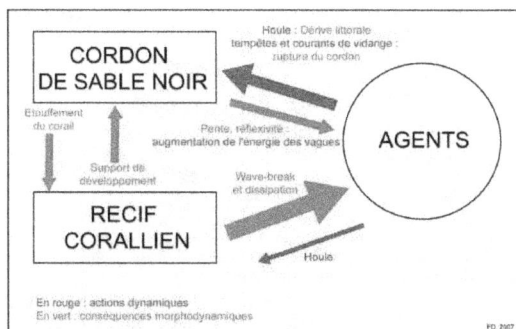

Figure 4-3 : Modèle de fonctionnement d'articulation morphodynamique à influence indirecte (exemple récif corallien de Papara, Tahiti).

Enfin, nous pouvons aborder la représentation de l'articulation phyto-morphodynamique montante (influence d'un substrat sur un couvert végétal à partir de l'exemple de la mangrove guyanaise) et descendante (influence d'un couvert végétal sur un substrat à partir de l'exemple de la Spartine en Baie de Somme : 3-4-2-1), (figure 4-4).

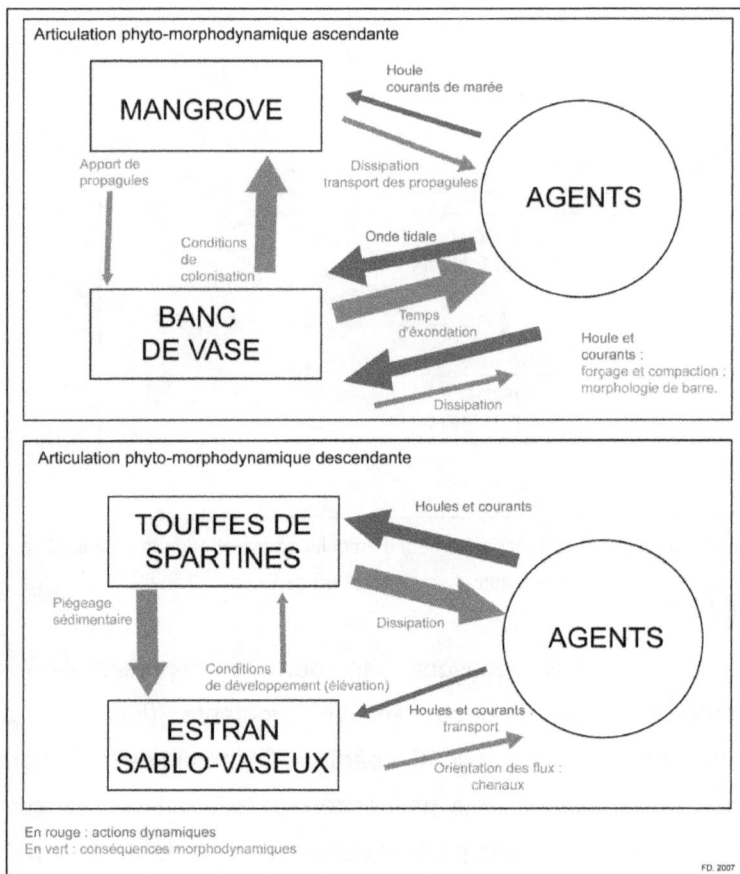

Figure 4-4 : modèles d'articulations phyto-morphodynamiques.

Pour résumer, nous pouvons organiser les différentes articulations morphodynamiques rencontrées dans une typologie simple dont l'élément discriminant est le vecteur d'influence :

- Les articulations morphodynamiques à influences :
    - Verticales (Cordon des Bas-Champs, cheniers, gradins de plage, articulations phyto-morphodynamiques...)
    - Horizontales (plages de Cayenne, beachrocks...)

- Les articulations morphodynamiques à influences indirectes (cordon de Papara...)

- Les articulations phyto-morphodynamiques :
  - Ascendantes (mangroves de Guyane, mangroves de Mayotte...)
  - Descendantes (Spartine en Baie de Somme, Crinum à Tahiti...)

5 – PERSPECTIVES : vers des réseaux d'observation ?

Les principales perspectives de recherche, pour la prochaine décennie, se situent dans les domaines de l'observation et de la compréhension des processus d'évolution des littoraux tropicaux, dans un contexte de changement global marqué par des mutations océano-climatologiques avérées.

En effet, le réchauffement constaté de la planète, induit déjà une incontestable remontée du niveau marin et une augmentation en fréquence (supposée) et en intensité (avérée) des événements météo-marins paroxysmiques. Dans ce contexte, il paraît nécessaire de renforcer le potentiel d'observation et de recherche sur l'évolution des milieux naturels littoraux, en particulier en zone tropicale (au sens large), espaces dont les interactions physiques ne sont pas encore aussi bien connues que dans les milieux tempérés et qui sont appelés à connaître une forte pression démographique et un développement soutenu.

Les perspectives de travail que je propose s'organisent autour de 4 axes :

- renforcement du potentiel cartographique à partir des images satellitales, en Guyane et aux Antilles (à très court terme),
- Développement d'un observatoire des impacts cycloniques reconnus par l'image, aux Antilles (à moyen terme),

- Mise en place d'un observatoire de l'évolution du littoral à Mayotte (à court terme),
- Mise en place d'un réseau global d'observation morphodynamique (processus plages et résilience) des littoraux tropicaux (ALERT), (à long terme).

5-1 : CARTOGRAPHIE DU LITTORAL AMAZONIEN : LE PROGRAMME PROCLAM

PROCLAM (PROgramme de Cartographie des Littoraux AMazoniens) est un programme INTERREG III-B, qui a démarré en janvier 2007, pour se finir en décembre 2008. Porté par l'unité ESPACE de l'IRD, il regroupe des partenaires universitaires et d'établissements publics de recherche français et brésiliens. L'objectif est d'élaborer une méthodologie commune et reproductible pour la cartographie des littoraux amazoniens, entre São Luis do Maranhão et l'embouchure du Maroni (fig. 5-1), à partir de données satellitales. Cet outil doit servir a l'aide à la décision (en renforçant la surveillance des milieux littoraux et en optimisant leur surveillance) pour une partie est du système de décharge amazonien. La cartographie de la partie ouest (Maroni – Orénoque) devra, dans l'avenir, faire l'objet d'un nouveau projet (DOLIQUE, 2007).

Les résultats attendus sont regroupés en 4 axes :

- La mise en place d'une mosaïque d'images SPOT 5 (plus de soixante images), géométriquement précise, fournie en couleurs pseudo-naturelles,
- La réalisation d'une cartographie des unités de paysages,
- Une cartographie de l'emprunte anthropique,
- Une cartographie de la vulnérabilité des milieux.

Le programme s'appuie sur des données support issues en grande partie des satellites optiques de la constellation SPOT, issues de la station de réception SEAS-Guyane (Surveillance de l'Environnement Assistée pas Satellites), gérée par l'IRD. Des données seront également obtenues par la station HRPT SEAS-net de Cayenne (NOAA et SeaWifs) ainsi que des données radar (ENVISAT et RADARSAT) fournies dans le cadre du programme de recherche brésilien PIATAM MAR.

En qualité de coordinateur scientifique de ce programme, j'assure l'encadrement d'une équipe technique composé de deux ingénieurs de recherche et des stagiaires. Les deux ingénieurs gèrent les aspects techniques liés à la mise en production de la mosaïque à partir du logiciel GEOVIEW© développé par l'IGN ; et développent, en concertation, les aspects méthodologiques liés aux cartes des écosystèmes, emprunte anthropique et vulnérabilité.

Après une première campagne d'acquisition des images sur la saison sèche guyanaise en 2006, un premier jeu de données est exploitable sur l'ensemble de la zone (fig. 5-1). Une seconde campagne a été lancée sur la saison sèche 2007 pour compléter certaines zones dont le couvert nuageux dense pose problème.

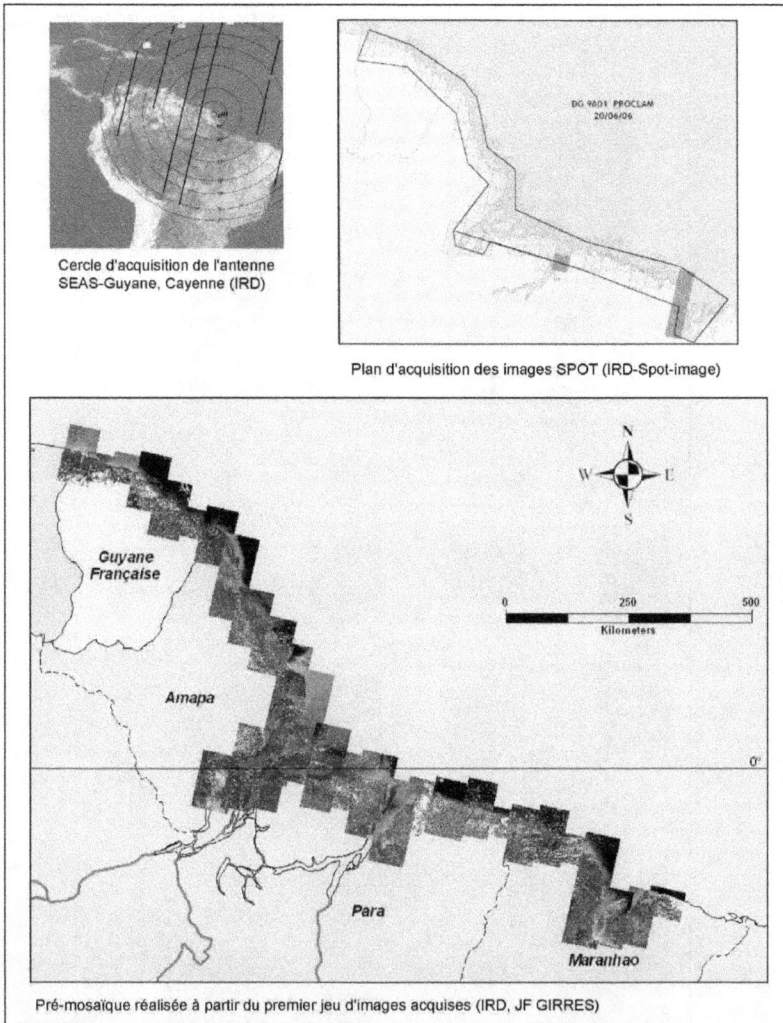

Cercle d'acquisition de l'antenne
SEAS-Guyane, Cayenne (IRD)

Plan d'acquisition des images SPOT (IRD-Spot-image)

Pré-mosaïque réalisée à partir du premier jeu d'images acquises (IRD, JF GIRRES)

Figure 5-1 : Acquisition d'images SPOT 5 dans le cadre du programme PROCLAM.

Un jeu de 63 scènes SPOT 5 ortho-rectifiées est aujourd'hui disponible. Un travail de spatio-triangulation est actuellement en cours par auto-corrélation à partir de points d'ancrage repérables dans l'espace (fig. 5-2). Prochainement, le modèle d'élévation SRTM sera intégré, ainsi que de nombreux points GPS acquis sur le terrain. Il restera alors à modifier la codification RVB pour fournir le produit fini.

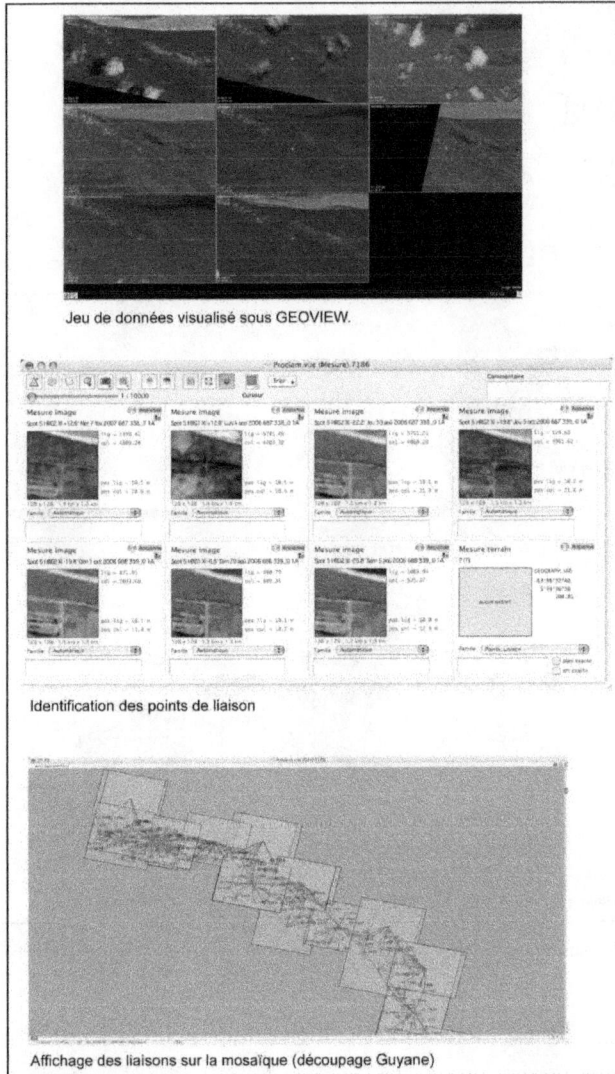

Jeu de données visualisé sous GEOVIEW.

Identification des points de liaison

Affichage des liaisons sur la mosaïque (découpage Guyane)

Figure 5-2 : Traitement géométrique de la mosaïque SPOT 5 (d'après les travaux de GIRRES et GOEURY).

5-2 : L'OBSERVATOIRE DES IMPACTS CYCLONIQUES AUX ANTILLES

Dans le cadre d'un programme pluri-formation (PPF) associant l'IRD à l'Université Antilles – Guyane, j'ai proposé de mettre en place un observatoire des impacts cycloniques aux Antilles. L'objectif du projet est de caractériser des évolutions spatiales après le passage d'un cyclone, à partir d'une image de référence constituant un état zéro. Une approche orientée objet devra être mise en place afin de caractériser et quantifier les impacts d'un cyclone (dégâts sur le bâti, sur les surfaces agricoles, épandages sableux sur le littoral, matière en suspension dans les lagons...) à partir d'une image (T+1) acquise par la station SEAS-Guyane, au plus tôt après le cyclone (Il faudra toutefois attendre un retour à une qualité de nébulosité exploitable). L'image T+1 pourra alors être traitée afin d'identifier les surfaces de forts changements radiométriques significatifs de fortes évolutions sur le terrain. Des algorithmes de changements seront utilisés afin de quantifier les modes d'évolutions, en collaboration avec des laboratoires de traitement d'images en Guyane et en Guadeloupe.

Des séries de nouvelles acquisitions pourront alors être programmées (T+2, T+3...T+n) sur un pas de temps à définir (tous les mois par exemple) afin de caractériser et quantifier le processus et le rythme de résilience des milieux.

Le cyclone DEAN, survenu en Martinique et en Guadeloupe les 17 et 18 août 2007, a contribué à accélérer le processus de lancement de ce projet. Une image propre (faible nébulosité),

acquise en mai 2006, est en archives à la station SEAS de l'IRD
Cayenne et constitue l'image de référence (fig. 5-3a). Des
acquisitions thermiques (NOAA) issues de la station bande L de
Cayenne doit pouvoir permettre de caractériser la trace thermique
du cyclone sur l'océan et la mer des Caraïbes (fig. 5-3b). Après le
passage du cyclone, des acquisitions prioritaires ont été lancées par
SPOT-IMAGE et ne sont pas encore disponibles. Nous comptons
les récupérer prochainement afin de lancer les traitements
d'identification et présenter les premiers résultats lors de la réunion
PPF de Pointe-à-Pitre en Guadeloupe, en janvier 2008.

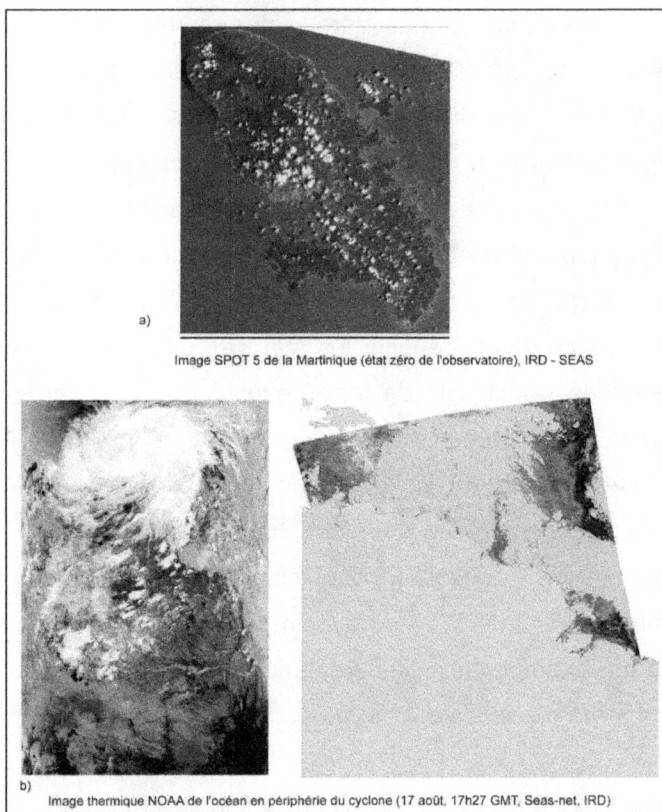

a)

Image SPOT 5 de la Martinique (état zéro de l'observatoire), IRD - SEAS

b)

Image thermique NOAA de l'océan en périphérie du cyclone (17 août, 17h27 GMT, Seas-net, IRD)

Figure 5-3 : Images constitutives de l'observatoire des impacts cyclonique aux Antilles

5-3 : L'OBSERVATOIRE DE LA DYNAMIQUE DU LITTORAL À MAYOTTE

Un réseau d'observation de la dynamique côtière à Mayotte est en cours de constitution depuis 2005. Basé sur la mise en place d'un réseau de têtes de stations topographiques et de levés de profils de plage sur 10 sites témoins, il doit permettre de suivre les évolutions de plages, mangroves et falaises sur un pas de temps réduit (deux mesures par an au minimum en saison des pluies et saison sèche et, éventuellement, après tempête). Initié dans un premier temps par le BRGM (DOLIQUE & JEANSON, 2006 ; DE LA TORRE *et al.*, 2006), le programme va pouvoir se poursuivre par des observations morphodynamiques plus poussées en 2008 et 2009 grâce à l'attribution d'un budget par le ministère de l'Outre-mer.

Le programme se situe dans la continuité d'études morphosédimentaires engagées depuis 2003 sous ma direction par les Universités de Reims et du Littoral Côte d'Opale (BESSON, 2005 ; JEANSON, 2005 ; MARTINET, 2005), et dans la suite de l'étude BRGM précédemment citée. Ces travaux ont permis de mettre en place un premier réseau d'observation de la dynamique côtière sur l'île.

Les enjeux de la dynamique littorale posent inévitablement la question du mode d'occupation de cet espace par une population en fort développement démographique.

La compréhension du fonctionnement naturel de ce littoral est une donnée de départ incontournable dans l'optique d'un développement touristique probable.

Enfin, les mangroves jouent un rôle fondamental de tampon, intégrant naturellement les forts apports de matière en suspension en provenance des bassins versants et empêchant ainsi l'envasement du lagon, pour un meilleur rendement des activités halieutiques.

Son rôle de protecteur des espaces bâtis contre des événements météo-marins de forte intensité, comme les cyclones et les tsunamis par exemple, n'est pas à négliger.

Dans ce contexte, il apparaît urgent et prioritaire de comprendre et surveiller le fonctionnement des mangroves de Mayotte, de rechercher les causes de leur progressive disparition afin de proposer plus efficacement des solutions pour leur protection et leur restauration.

Le programme se propose de quantifier le rythme d'évolution des surfaces de mangrove sur les sites de Soulou, Tsingoni, Mzouazia, Kani-Keli, Mronabéja, Mbouini et Dapani. Cela passe par une analyse poussée (digitalisation, orthorectification des photographies aériennes disponibles, dans une démarche cinétique, en comparaison avec la mission la plus récente de 2005). Une typologie évolutive sera mise en place pour comparer des vecteurs de dynamique des surfaces végétales avec les caractéristiques structurales, sédimentaires et hydrologiques propres à chaque site.

Le cœur du programme est constitué par la mise en place d'une batterie d'instrumentation sur le site de DAPANI, sur un cycle de marée, afin de caractériser les principaux facteurs de processus d'évolution de la mangrove et de son substrat associé. Unique à Mayotte, un chantier scientifique et technique de cette envergure va permettre de :

- o mettre en place un réseau opérationnel de profils topographiques et modèles numériques de terrain (MNT),
- o disposer en temps réel de paramètres météorologiques couplés (station weatherlink) sur la période d'observation,
- o d'établir des mesures hydrodynamiques (courant et houle, pression, fréquences, vitesses et directions, tranche d'eau par ADV, ADCP, S4, analyse de l'évolution des paramètres sur une ligne lagon-plage),
- o de mesurer les paramètres de mobilisation sédimentaire (turbidité par OBS, vitesse orbitale, piégeage sédimentaire, traçages...),

Un approfondissement des mesures de paramètres de houle sur le lagon de Mayotte sera effectué par la mise en place de profils hydrodynamiques (mise en place en ligne de houlographes S4), afin de mesurer l'évolution de la hauteur, de la fréquence et de la direction des champs de houles (principaux agents de la dynamique côtière) sur les axes suivants :

- o Comparaison récif externe / récif interne (sud)
- o Comparaison récif externe / platier récifal (sud)
- o Comparaison récif externe sud / récif externe nord

Un outil de synthèse et d'aide à la décision sera mis en place sous la forme d'un Système d'Information Géographique (SIG) destiné aux décideurs et gestionnaires du littoral mahorais. Ce SIG regroupera une base d'images satellitales et photographies aériennes constituant un « état zéro de référence » et à laquelle viendront s'agglomérer de manière dynamique les résultats des diverses actions scientifiques sur le terrain.

Ce SIG sera mis à la disposition d'un organisme gestionnaire à définir (Conseil Général ? DAF ? ...) et pourra être actualisé par l'équipe géomatique de l'IRD, US 140 ESPACE.

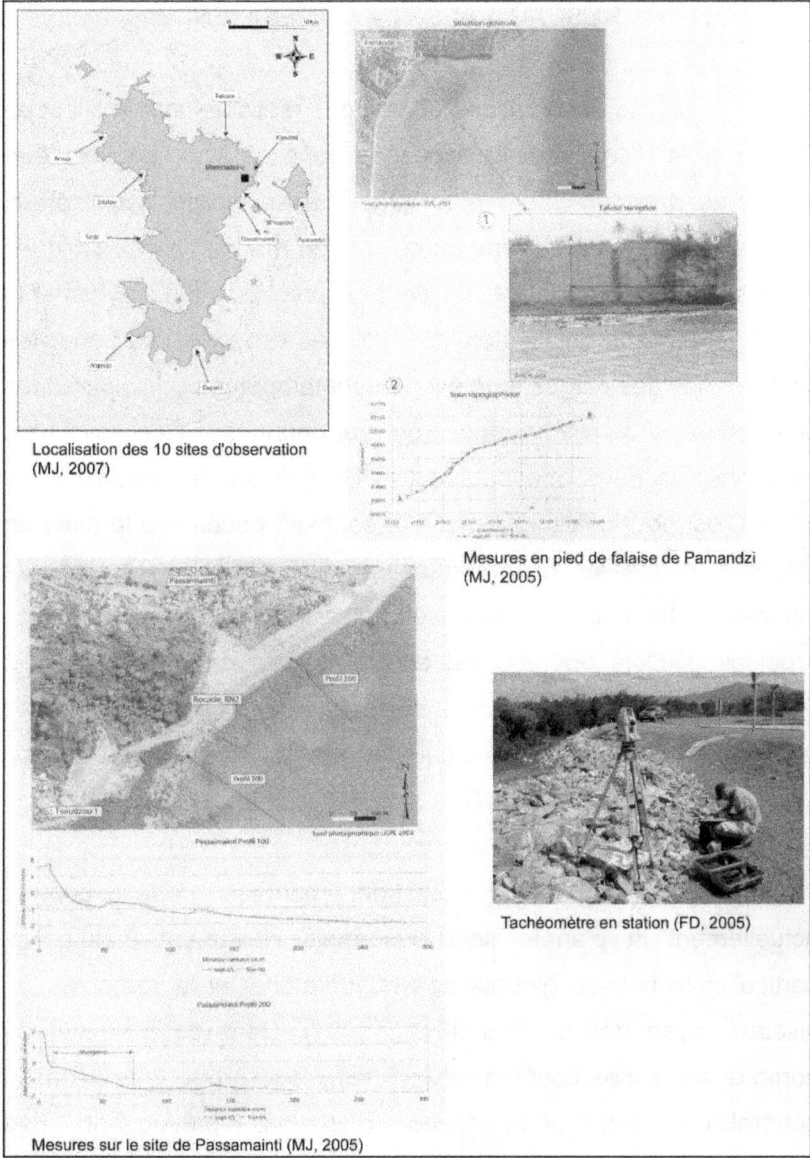

Localisation des 10 sites d'observation
(MJ, 2007)

Mesures en pied de falaise de Pamandzi
(MJ, 2005)

Tachéomètre en station (FD, 2005)

Mesures sur le site de Passamainti (MJ, 2005)

Figure 5-4 : Observatoire de la dynamique du littoral à Mayotte : exemples de mesures
(d'après DOLIQUE & JEANSON, 2006).

213

5-4 : <u>RÉSEAU « ALERT » ET RÉSILIENCE</u>

Toutes les observations et mesures réalisées aux Antilles, en Polynésie et à Mayotte, et exposées dans ce livre, peuvent être exploitées dans un cadre plus large. La sensibilité des littoraux tropicaux face aux événements météo-marins paroxysmiques nécessite que l'on s'intéresse de très près aux fonctionnements morpho-sédimentaires systémiques de ces espaces. Les capacités de résilience des plages à un événement tempétueux, à fortiori dans des contextes coralliens, sont très mal connues. Et ce savoir est indispensable dans une perspective de gestion des situations de crise. C'est pour cette raison que je souhaite poursuivre la mise en place d'un réseau de mesures appelé ALERT (**PA**roxysmes **L**ittoraux, **E**volutions sableuses et **R**ésilience des plages **T**ropicales). Déjà opérationnel en Polynésie (voir plus bas) et à Mayotte (voir plus haut en 5-3), ce réseau doit être poursuivi, avec le concours de partenariats locaux et des financements européens (*PCRD*) et institutionnels (*AIRD*).

Les changements environnementaux que connaît actuellement la planète sont désormais clairement établis, en particulier la hausse globale des températures et la remontée du niveau moyen des océans (IPCC, 2001). Dans ce contexte, de nombreuses zones côtières devront faire face à une intensification généralisée des phénomènes d'érosion, provoquant une multiplication des inondations, la contamination saline des nappes aquifères et amenant à terme à la disparition de terres et îles basses, zones humides et mangroves (HOLLIGAN et DE BOOIS, 1993). Ces phénomènes sont d'autant plus problématiques qu'ils concernent des espaces où vivent et prospèrent plus de 60 % de la population mondiale (SMALL *et al.*, 2000).

Une forte communauté scientifique est d'accord pour dire que le réchauffement global a et aura pour effet d'augmenter la fréquence et l'intensité des événements météorologiques paroxysmiques (IPCC, 2001, TITUS, 2005). Si des incertitudes demeurent quant à l'estimation de ces changements, les projections semblent indiquer que certains phénomènes extrêmes augmenteront en fréquence et en intensité au cours du XXIème siècle en raison de l'évolution du climat et l'on peut donc s'attendre que leurs incidences gagnent en ampleur dans les années à venir. D'autre part, il semble également acquis que ces changements seront particulièrement sensibles dans les régions chaudes intertropicales (IPCC, 2001). Parmi les aléas extrêmes, on prendra en considération ici les impulsions tempétueuses, les événements cycloniques et les régimes de houle élevés.

De même, les communautés scientifiques s'accordent à affirmer que le réchauffement global augmentera la fréquence et l'intensité des phénomènes cycloniques. L'IPCC estimait en 2001 qu'il était impossible d'affirmer que les cyclones puissent devenir plus nombreux. Certains pensent également que les aires de distributions cycloniques pourront changer. Cependant, même s'il existe une polémique sur ce sujet, l'augmentation contemporaine effective de l'intensité des cyclones dans une perspective de réchauffement est estimée avec un intervalle de confiance élevé (de 66 à 90 % de probabilité positive). Les pointes de vent seront plus intenses ainsi que les moyennes et pointes de précipitations (IPCC, 2001).

Au niveau des latitudes extra-tropicales, l'IPCC estime que les tempêtes seront moins nombreuses mais plus intenses car les champs dépressionnaires seront plus creusés (intense évaporation et températures plus élevées). Cela entraînera la formation de champs de houles plus nombreux et croisés et certaines propagations d'ondes longues (potentiellement fortement énergétiques) atteindront les côtes des pays de la frange intertropicale (WIGLEY & RAPPER, 2001, TITUS, 2005).

Le relèvement du niveau marin et l'évolution projetée des phénomènes météo-marins extrêmes auront (et ont déjà) des répercussions très significatives sur les écosystèmes côtiers en général et sur les environnements morpho-sédimentaires en particulier. L'érosion côtière est un phénomène déjà généralisé dans le monde (70 % des côtes mondiales sont en érosion, BIRD, 1985). La part des côtes en érosion ainsi que le rythme des reculs vont augmenter, en particulier dans les espaces intertropicaux (FINKL, 1994). Les milieux côtiers tropicaux, comme les mangroves ou les récifs coralliens seront touchés, même si on ne connaît pas encore bien quelle sera leur capacité d'adaptation et de fonctionnement en fonction des impacts reçus (PASKOFF, 2000). Les milieux les plus fragiles seront les côtes basses, marais et embouchures ; et les côtes sableuses dont les stocks sédimentaires disponibles sont de moins en moins importants.

Dans ce contexte, l'objectif de ce projet est de constituer un observatoire de la dynamique des plages sableuses tropicales sous l'influence d'événements météo-marins paroxysmiques et sous des environnements et expositions variées.

216

Il s'agira d'observer, surveiller et caractériser les rythmes et les mécanismes d'évolution, de seuil, de sensibilité d'adaptation et de résilience de ces environnements sableux sous influences (articulations sédimentaires et végétales, impacts anthropiques...) face aux événements météo-marins paroxysmaux dont ils sont soumis (cyclones, tempêtes, surcotes, fortes houles...).

Le but scientifique sera de caractériser et quantifier la capacité de plages, choisies en fonction de leurs environnements spécifiques, à réagir aux forçages météo-marins paroxysmiques auxquels elles sont soumises. Il s'agira de déterminer la sensibilité face au stress paroxysmal, la capacité d'absorption de l'aléa, les seuils critiques et la capacité d'adaptation et de résilience. Enfin, une approche cartographique sera envisagée par approches spatialisées en assimilant par système d'information géographique les données disponibles et obtenues. L'approche modélisatrice n'est abordée pour l'instant mais sera identifiée comme prioritaire à terme.
Outre l'intérêt du rendu du résultat scientifique, il s'agira d'un outil de valorisation destiné aux utilisateurs et décideurs.

L'axe central du projet repose sur la mise en place d'un observatoire de la dynamique morpho-sédimentaire et hydrodynamique sur des plages choisies pour leurs caractéristiques spécifiques (voir tableau 5-1). Il s'agira de mettre en place des têtes de stations topographiques géoréférencées par système de positionnement GPS différentiel et reliées au système altitudinal local. Des têtes de secours seront également établies suffisamment loin en arrière afin de se prémunir des effets d'un arasement de la plage par un événement cyclonique. A partir de ces points de référence, un réseau de profils topo-bathymétrique sera mis en place à partir d'un théodolite tachéomètrique à haute résolution, ainsi que des modèles numériques de terrain. Ce réseau doit servir de base à un observatoire de la dynamique longitudinale et transversale des plages et à l'établissement d'un état initial d'observation appelé « état zéro morphologique ». La dynamique globale des systèmes morphologiques pourra également être suivie par LIDAR (topographie par méthode d'acquisition laser aéroporté) et par système vidéo-numérique fixe de type ARGUS ou CAM-ERA. Disposé sur une plage à titre expérimental, ce dispositif bien adapté à des marnages faibles à moyens, doit permettre de réaliser un suivi très fiable des bermes de plage et du contact sédiment-végétation de haut de plage.

Des mesures hydrodynamiques ponctuelles (courants absolus en vitesse moyenne et pointes, directions, rapport entre courants transversaux et longitudinaux, dynamique de la colonne d'eau...) seront réalisées dans des conditions climatiques modales afin de bien comprendre le fonctionnement de l'espace lagonaire sub-tidal. Une base de données houlographique devra également être constituée (hauteurs significatives, hauteur au déferlement, périodes, spectre, provenances, vitesses orbitales...) afin de pouvoir comparer les données modales aux données extrêmes en terme d'énergie.

Des campagnes de mesures approfondies seront menées ponctuellement afin de caractériser la mécanique de l'interface eau/sédiments dans des contextes différents (sables carbonatés coralliens pour la Polynésie, mélange carbonates – sables volcaniques pour la Martinique, mélange carbonates – sables détritiques terrigènes pour Mayotte). Il s'agira de réaliser des mesures topographiques très fines (MNT) réitérés sur un pas de temps très court (chaque marée), de mesurer les caractéristiques des agents hydrodynamiques (déploiement de houlographes et capteurs de pression : S4, Dobbie, ADV, ADCP), de caractériser l'interaction avec le substrat (ALTUS, vitesse orbitale par Dobbie, pièges sédimentaires Krauss, traçages fluorescents). Une comparaison des résultats obtenus sera réalisée avec les modèles existants concernant le transport sédimentaire sur des plages homogènes de milieu tempéré.

Le rôle essentiel de ce réseau d'observation sera de caractériser le comportement morphodynamique de la plage en situation post-événementielle, après le passage d'un aléa météo-marin paroxysmal. Il s'agira de réitérer les mesures topo-bathymétriques et sédimentologiques afin de déterminer l'importance du traumatisme morphologique subi. Un niveau de seuil devra être déterminé afin de connaître à partir de quelles intensités (vents, courants, houles) la plage subira des dommages graves à son équilibre.

Des mesures seront alors réalisées sur un pas de temps régulier afin de suivre et caractériser le rythme de résilience morpho-sédimentaire de la plage.

L'accent sera porté sur la capacité de la plage à se reconstituer à partir des stocks sédimentaires disponibles, en provenance du lagon et des secteurs coralliens producteurs de sable. Une attention particulière sera donc portée sur la capacité de fourniture sédimentaire de l'ensemble récif-lagon et les transferts transversaux de matériels. Trop peu d'études existent dans la littérature sur les mécanismes de transport des sédiments coralliens (SHOLLE *et al.*, 1983 ; RICHMOND, 2001), le projet apportera, sans contestation, de nouvelles réponses dans ce domaine.

L'analyse de cette résilience, dans un contexte multi-sites, doit permettre de dégager des modèles d'adaptation et de réaction de la plage face au traumatisme climatique.

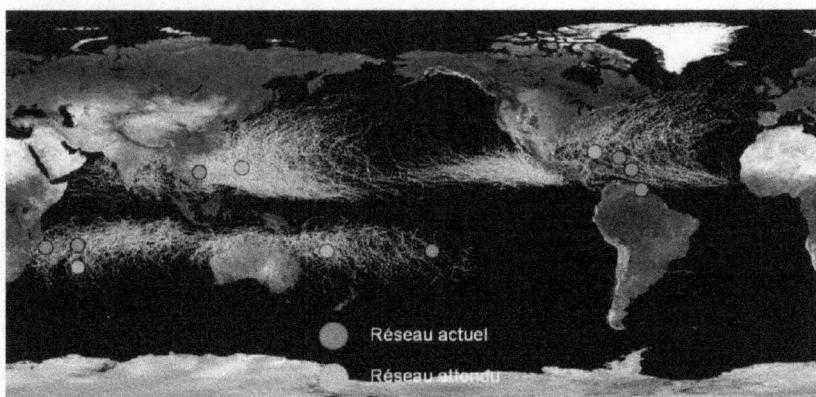

Figure 5-5 : Localisation des sites actuels du réseau ALERT

Les six chantiers (Guyane, Antilles, Polynésie, Vietnam, Mayotte, îles Eparses) présentés dans la figure 5-5 constituent la première pierre d'un réseau en pleine expansion. Ce réseau est déjà totalement opérationnel depuis 2003 et les profils enregistrés constituent une base de données réutilisable à tout moment, à la suite d'un événement météo-marin exceptionnel. Le réseau est donc en situation de veille continue.

En Polynésie, la réitération des 22 profils répartis sur 6 plages, a permis de dégager des tendances d'évolutions sédimentaires en particulier à la suite d'un fort coup de vent survenu le 29 avril 2003 générant des houles de SW très creusées. Les observations ont permis de dégager des premiers éléments de comportement de plages coralliennes en milieu d'île haute en situation de stress hydrodynamique.

Sur le lagon de Tiahura, Moorea, un outil de surveillance de la structuration et de la dynamique sableuse lagonaire a été mis en place suite au calcul d'algorithmes permettant de corréler la couleur de l'eau et la bathymétrie (DOLIQUE *et al.*, 2005b).

A Mayotte, le travail déjà réalisé combine deux échelles d'espace et de temps. Une analyse du trait de côte par photographies aériennes depuis 1949 a permis de dégager des tendances à long terme sur 10 sites. La mise en place du réseau de suivi topographique permet d'affiner ces constatations en essayant d'y dégager des variations saisonnières.

Une érosion significative des surfaces de mangrove dans les baies situées au sud et à l'ouest de l'île a été constatée, ainsi que des interactions complexes de substrats (DE LA TORRE *et al.*, 2006). Les premiers éléments d'analyse des houles au large semblent montrer le rôle prédominant du renforcement des houles australes (JEANSON, 2005).

L'alternance saisonnière que subit l'île (une saison sèche faisant suite à une saison humide plus venteuse et tempétueuse) s'enregistre également sur les évolutions de la côte à court terme, et se traduisent par des alternances de la dérive littorale liées à des rotations de champs de houle ou par des épandages sédimentaires cross-shore liés à des résurgences d'écoulements continentaux.

Les premiers éléments de comparaison que nous avons pu analyser nous permettent de mieux comprendre et distinguer les évolutions sédimentaires saisonnières et pluriannuelles, en Polynésie mais surtout à Mayotte. Cette notion est fondamentale pour envisager la caractérisation des processus de résilience des formes sableuses dans chaque contexte sédimentaire, climatique et hydrodynamique particulier.

Ce réseau permet également d'acquérir et d'archiver des données quantitatives nouvelles sur des sites où les mesures morphodynamiques sont très rares, voire inexistantes. Dans l'avenir, il s'agira d'étendre le réseau sur d'autres sites situés sur les principales aires de propagation des cyclones (Caraïbes nord, Bahamas, Cuba, Yucatan pour l'aire atlantique ; Wallis et Futuna, Nouvelle Calédonie, Philippines pour l'aire pacifique ; Madagascar et Réunion pour l'aire Indien sud).

Les premiers résultats issus de ce très jeune réseau d'observation sont encourageants mais il doit encore faire la preuve de sa capacité immédiate à être opérationnelle en cas d'événement paroxysmal. Le cœur même de l'objectif de recherche (la caractérisation de la résilience sédimentaire post-événementielle) doit encore réellement démarrer. L'intérêt porté à notre travail par les politiques et les gestionnaires des sites étudiés démontrent que les outils de valorisation développés en aval du réseau auront toute leur utilité dans le cadre des études sur les effets du changement climatique sur les environnements côtier tropicaux sensibles.

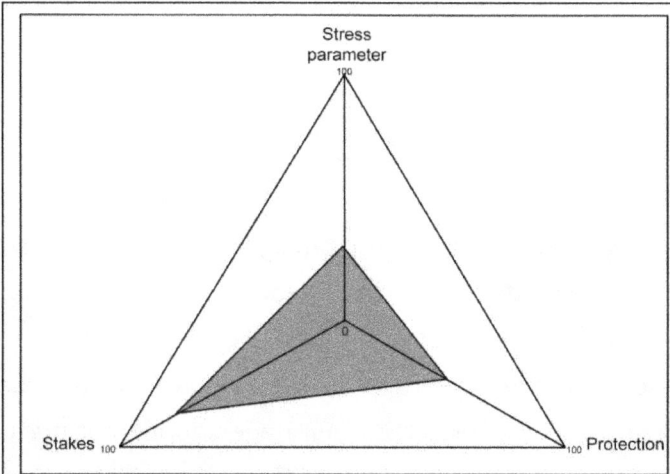

Représentation triangulaire des paramètres de vulnérabilité,
plage de Punaauia, Polynésie française (DOLIQUE & JEANSON, en préparation)

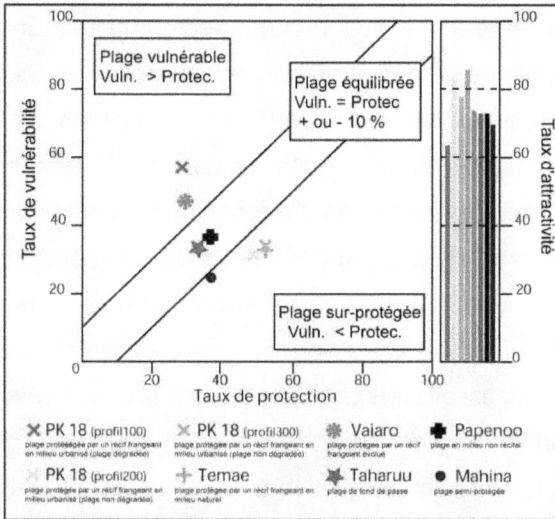

Vulnérabilité et taux de protection de la plage, Polynésie française (DOLIQUE
et JEANSON, en préparation)

Figure 5-5 : Cotation des sites, en Polynésie française, dans le cade du réseau ALERT

223

CONCLUSION

Le concept d'articulation morphodynamique repose sur une volonté de décrire des fonctionnements systémiques associant des unités morpho-sédimentaires entre elles. Au regard de la bibliographie disciplinaire, l'approche morphodynamique classique se penche surtout sur les relations « agent-forme sédimentaire », sur une échelle spatiale réduite. Trop peu d'études encore s'intéressent aux milieux mixtes et aux processus d'organisation existant entre diverses entités morpho-sédimentaires. En aucun cas, ce livre ambitionne de définir un concept disciplinaire. Sa volonté est simplement d'élargir le champ spatial des possibilités sur l'étude des inter-relations entre des éléments de nature différentes, subissant les effets d'une même famille d'agents, dans une aire d'influence homogène. Finalement, l'approche est plus géomorphologique que morphodynamique. Il faut entendre par-là que l'échelle d'observation y est spatialement plus large, temporellement plus longue et nécessairement plus naturaliste. Un élargissement scalaire parfois nécessaire dans la compréhension globale des systèmes. Et cette compréhension globale passe inévitablement par un abord multiscalaire et interdisciplinaire.

Certes, l'approche est téméraire et complexe. Les exemples abordés dans ce livre sont tous différents. Aucun ne fonctionne réellement de la même façon tant les environnements sont distincts. Toutefois, il était tentant de proposer une typologie ou tout au moins un regroupement en familles de fonctionnement. Généraliser est une tendance qui va souvent à l'encontre de l'exhaustivité et de l'approfondissement. Cependant, et sans entrer dans des truismes trop faciles, nous avons pu mettre en évidence que les systèmes morpho-sédimentaires mixtes, malgré leurs réciprocités immanentes, présentaient un degré d'influence, d'une unité à une autre, avec un élément dominant et un autre dominé et que la position des unités dans l'espace pouvait s'avérer prépondérante dans leur mode d'articulation.

Dans un contexte global actuel de changement environnemental, les milieux côtiers tropicaux apparaissent très fragiles. Fragilité renforcée par une méconnaissance encore trop grande de leurs processus de fonctionnement. De nombreuses interfaces restent mal connues, comme l'interface substrat – palétuvier en milieu de mangrove ou encore les interfaces lagon – plage en milieu corallien par exemple. Pourtant, ces milieux côtiers sont parmi les premiers menacés par la remontée du niveau marin. Les événements météo-marins paroxysmiques vont certainement augmenter en fréquence et en intensité. En géomorphologie littorale, la grande question qui doit nous préoccuper dans les années à venir est de savoir comment les systèmes vont s'adapter. Auront-ils la possibilité et le temps de se reconstruire pour se rétablir à un état d'équilibre antérieur ? La question de la résilience en morphodynamique doit être une question majeure.

Pour seulement tenter d'y répondre, il faut passer par un efficace regroupement des connaissances scientifiques au sein d'observatoires, ainsi que par un rassemblement plus opérant de chercheurs et de données au sein de réseaux d'envergure mondiale. Il s'agit alors de tendre vers une connaissance accrue de la dynamique des milieux et de leur systémique afin d'évoluer vers une meilleure gestion intégrée des espaces littoraux, pour un développement réfléchi et responsable, en particulier pour répondre aux besoins des pays du sud.

BIBLIOGRAPHIE

AAGAARD, T., HUGHES, M.G., 2006, Sediment suspension and turbulence in the swash zone of dissipative beaches. *Marine Geology*, 228, pp. 117-135.

ADGER, W.N., HUGHES, T.P., FOLKE CARPENTER, S.R., ROCKSTROM, J. (2005) Social-ecological resilience to coastal disasters. *Science*, 309, pp. 1036-1039.

ALLAN, J.C., HART, R., TRANQUILI, J.V., 2006, The use of Passive Integrated Transponder (PIT) tags to trace cobble transport in a mixed sand and gravel beach on the high-energy Oregon coast, USA. *Marine Geology*, 232, pp. 63-86.

ALLISON, M.A., LEE, M.T., OGSTON, A.S., ALLER, R.C., 2000, Origin of Amazon mudbanks along the northeastern coast of South America. *Marine Geology*, 163, pp. 241-256.

ALLISON M.A., NITTROUER C.A., KINEKE G.C., 1995, Seasonal sediment storage on mudflat adjacent to the Amazon river. *Marine Geology*, 125, pp 303-328.

AMIEUX, P., BERNIER, P., DALONGEVILLE, R., MEDWECKI, V., 1989, Cathodoluminescence of carbonate cemented Holocene beachrock from the Togo coastline (West Africa) : an approach to early diagenesis. *Sedimentary Geology*, 65, 261-272.

ANTHONY, E.J., 1990, *Environnement, géomorphologie et dynamique sédimentaire des côtes alluviales de la Sierra Leone, Afrique de l'ouest.* Thèse de Doctorat d'Etat, Strasbourg, 189 p.

ANTHONY, E.J., 1991, Une évaluation des paramètres morphodynamiques couramment utilisés dans la caractérisation des plages. *Revue d'Analyse Spatiale Quantitative et Appliquée*, 30, pp. 23-30.

ANTHONY, E.J., 1998, Sediment wave parametric characterization of beaches. *Journal of Coastal Research*, 14-1, pp. 347-352.

ANTHONY, E.J., DOLIQUE, F., 2001, Natural and human influences on the contemporary evolution of gravel shorelines in Northern France, between the Seine estuary and Belgium. Chapitre 6-1 (pp. 132-148) *in* **PACKHAM J.R., RANDALL R.E., BARNES R.S.K., NEAL A., (2001)**, *Ecology and géomorphology of coastal shingle*, WESTBURY ACADEMIC AND SCIENTIFIC PUBLISHING, 459 p.

ANTHONY, E.J., DOLIQUE, F., 2004, The influence of Amazon-derived mud banks on the morphology of sandy headland-bound beaches in Cayenne, French Guiana : a short to long-term perspective. *Marine Geology*, 208, pp. 249-264.

ANTHONY, E.J., DOLIQUE, F., 2006, Intertidal subsidence and collapse features on wave-exposed, drift-aligned sandy beaches subject to Amazon mud : Cayenne, French Guiana. *Earth Surface Processes and Landforms*, 31, pp. 1051-1057.

ANTHONY, E.J., DOLIQUE, F., GARDEL, A., GRATIOT, N., PROISY, C., POLIDORI, L., 2008 : Nearshore intertidal topography and topographic forcing mechanisms of an Amazon-derived mud bank in French Guiana. *Continental Shelf Research*. 28, pp 813-822.

ANTHONY, E.J., DOLIQUE, F., GARDEL, A., MARIN, D. 2011 Contrasting sand beach morphodynamics in a mud-dominated setting : Cayenne, French Guiana. *Journal of Coastal Research*, SI 64, pp. 30-34.

ANTHONY, E.J., DOLIQUE, F., 2012 L'incidence de la migration des bancs de vase dans l'évolution des plages et du trait de côte en Guyane. Chapitre paru dans l'ouvrage de GUIRAL, D., LE GUEN, R. *Guyane-Océan*, Editions Roger Le Guen.

ANTHONY, E.J., DUSSOUILLEZ, P., DOLIQUE, F., GOICHOT, M., NGUYEN, V-L, 2013 Widespread érosion of the Mekong Delta shoreline : from progradation to destruction phase ? Mekong environmental symposium 2013, Ho Chi Minh City, 5-7 mars 2013

ANTHONY, E.J., GARDEL, A., DOLIQUE, F., GUIRAL, D., 2002, Short-term changes in the plan shape of a sandy beach in response to sheltering by a nearshore mud bank, Cayenne, French Guiana. *Earth, Surf. Process. Landforms*. 27, pp 857-866.

ANTHONY, E.J., GARDEL, A., GRATIOT, N., PROISY, C., ALLISON, M.A., DOLIQUE, F., FROMARD, F. 2010, The Amazon-influenced muddy coast of south America : a review of mud-bank-shoreline interactions. *Earth-Science Reviews*, 103, pp. 99-121

ANTHONY, E.J., GARDEL, A., DOLIQUE, F., MARIN, D. 2011 The Amazon-influenced mud-bank coast of South America : an overview of short to long term morphodynamics of inter-bank areas and chenier development. *Journal of Coastal Research*, SI 64, pp. 25-29.

ANTHONY, E.J., LEVOY, F., MONFORT, O., 2004, Morphodynamics of intertidal bars on a megatidal beach, Merlimont, Northern France. *Marine Geology*, 208, pp. 73-100.

ANTHONY, E.J., VANHEE, S., RUZ, M.H., 2006, Short-term beach-dune sand budgets on the north sea coast of France : sand supply from shoreface to dunes, and the role of wind and fetch. *Geomorphology*, 81, pp. 316-329.

ARNAUD-FASSETTA, G., BERTRAND, F., COSTA, S., DAVIDSON, R., 2006, The western lagoon marshes of the Ria Formosa (Southern Portugal) : sediment-vegetation dynamics, long-term to short-term changes and perspective. *Continental Shelf Research*, 26, pp. 363-384.

AUGUSTINUS, P.G.E.F., 1978, *The changing shoreline of Surinam (South America)*. PhD thesis, Utrecht University, 232 p.

AUGUSTINUS, P.G.E.F., 1980, Actual development of the chenier coast of Suriname (South America). *Sedimentary Geology*, 26, pp. 91-113.

AUGUSTINUS P.G.E.F., 1989, Cheniers and chenier plains : a general introduction. *Marine Geology*, 90, pp. 219-229.

AUGUSTINUS, P.G.E.F., 2004, The influence of the trade winds on the coastal development of the Guianas at various scale levels : a synthesis. *Marine Geology*, 208, pp. 141-151.

AUGUSTINUS, P.G.E.F., HAZELHOFF, L., KROON, A., 1989, The chenier coast of Suriname : modern and geological development. *Marine Geology*, 90, pp. 145-151.

BAKER, W.M., JUNGERIUS, P.D., KLINJ, J.A. 1990, Dunes of european coast. *Catena*, SI 18, 227p.

BÄRTELS, A., 1993. *Farbatlas tropenpflanzen, zier-und nutzpflanzen.* Ulmer, Stuttgart, 384 p.

BASTIDE, J., 2001, *Evolution morphodynamique d'un banc sableux : l'Ilette.* Mémoire de Maîtrise sous la direction de F. DOLIQUE, ULCO, 230 p.

BASTIDE, J., 2002, *Impacts potentiels du développement des Spartines sur l'évolution morphosédimentaire du linéaire du Crotoy.* Mémoire de DEA, sous le direction de F. DOLIQUE, ULCO, Dunkerque, 120 p. + annexes.

BASTIDE, J., DOLIQUE, F., 2005, *Expérimentation de contrôle de la Spartine en Baie de Somme : opérations de suivi topographique et hydrodynamique.* Rapport URCA-ULCO, 17 p.

BASTIDE, J., DOLIQUE, F., ANTHONY, E., 2005, *La progression des crochets de galets au nord de Cayeux sur Mer (Somme) : utilisation d'une technique de traçage électronique.* Colloque « Beaches at Risk », Rouen, 14 janvier 2005.

BASTIDE, J., DOLIQUE, F., ANTHONY, E., 2006, Le rôle de la mytiliculture dans l'ensablement de la rive nord de la Baie de Somme. *In* CHAUSSADE, J. & GUILLAUME, J., (eds), *Pêche et aquaculture : pour une exploitation durable des ressources vivantes de la mer et du littoral.* Presses Universitaires de Rennes, pp. 253-265.

BATTJES, J.A., 1988, Surf-zones dynamics. *Annual review of fluid mechanics,* 20, pp. 257-293.

BAUER, B.O., GREENWOOD, B., 1988, Surf-zone similarity. *Geographical Review,* 78, pp. 137-147.

BAVOUX, J.J., 1997, *Les littoraux français.* Armand Colin, coll. U, 268 p.

BEAUCHESNE, P., COURTOIS, G., 1967, Etude du mouvement des galets le long de la côte des Bas-Champs de la Somme. Utilisation de traceurs radioactifs. *Cahiers océanographiques,* XIXème année, n° 8, pp. 613-625.

BEIER, J.A., 1985, Diagenesis of Quaternary Bahamian beachrock : petrographic and isotopic evidence. *Journal of Sedimentary Petrology,* 55, 755-761.

BELLWARD, A.S., STIBIG, H.J., EVA, H., REMBOLD, F., BUCHA, T., HARTLEY, A., BEUCHLE, R., KHUDHAIRY, D., MICHIELON, M., MOLLICONE, D., 2007, Mapping severe damage to land cover following the 2004 Indian Ocean tsunami using moderate spatial resolution satellite imagery. *International Journal of Remote Sensing.* Vol. 28, N° 13-14, pp. 2977-2994.

BERKES, F., 2007, Understanding uncertainty and reducing vulnerability : lessons from resilience thinking. *Natural Hazards,* 41, pp. 283-295.

BERNIER P., GUIDI J.B., BOTTCHER M.E., 1997, Coastal progradation and very early diagenesis of ulramafic sands as a result of rubble discharge from asbestos excavations (northern Corsica, Western Mediteranean). *Marine Geology,* 144, 163-175.

BESSON, J., 2004, *Imagerie numérique et bathymétrie lagonaire : essais de traitement du signal RVB.* Mémoire de Maîtrise sous la direction de Franck DOLIQUE, URCA, ULCO, 159 p.

BESSON, J., 2005, *Typologie et caractérisations dynamiques de l'érosion des mangroves au sud et à l'ouest de Mayotte*. Mémoire de DEA sous la direction de Franck DOLIQUE, Université de Reims, 172 p.

BIRD, E.C.F., 1970, *Coasts*. The MIT press, 246 p.

BIRD, E.C.F., 1985, *Coastline changes, a global review*. John Wiley, Chichester, 219p.

BIRD, E.C.F., 1993, *Submerging coasts*. Wiley, Chichester, 184 p.

BITTENCOURT, A.C.S.P., LANDIM DOMINGUEZ, MARTIN, L., SILVA, I.R., 2005, Longshore transport on the northeastern Brazilian coast and implications to the location of large scale accumulative and erosive zones : an overview. *Marine Geology*, 219, pp. 219-234.

BLIVI, A., 1985, *Contribution à l'étude géomorphologique du littoral du Togo*. Mémoire de Maîtrise, Université du Bénin, 166 p.

BLOCH, J.P., TRICHET, J., 1966, Un exemple de grès de plage (côte ligure italienne). *Marine Geology*, 4(5), 373-377.

BRAY, M.J., 1995, Littoral cells and budget analysis for sediment management in West Dorset, England. *Proc. Int. Conf. "Coastal change '95", BORDOMER*, pp. 765-780.

BRAY, M.J., 1997, Episodic shingle supply and the modified development of Chesil Beach, England. *Journal of Coastal Research*, 13-4, pp. 1035-1049.

BRAY, M.J., CARTER, D.J., HOOKE, J.M., 1995, Littoral cell definition and budgets for central southern England. *Journal of Coastal Research*, 11-2, pp. 381-400.

BRIQUET, A., 1930, *Le littoral du nord de la France, évolution et morphologie*. Paris, A. Colin, 438 p. + 1 appendice : L'évolution du rivage du nord de la France et l'activité de l'homme. 41 p.

BROCK, J.C., WRIGHT, C.W., KUFFNER, I., HERNANDEZ, R., THOMPSON, P., 2006, Airborne lidar sensing of massive stony coral colonies on patch reefs in the northern Florida reef tract. *Remote Sensing of Environment*, 104, pp. 31-42.

BROWN, B.E., 2005, The fate of coral reefs in the Andaman Sea, eastern Indian Ocean following the Sumatran earthquake and tsunami, 26 december 2004. *The Geographical Journal*, Vol. 171, N°4, pp. 372-374.

BURNINGHAM, H., FRENCH, J., 2006, Morphodynamic behaviour of a mixed sand-gravel ebb-tidal delta : Deben estuary, Suffolk, UK. *Marine Geology*, 225, pp. 23-44.

BUSCOMBE, D., MASSELINK, G., 2006, Concepts in gravel beach dynamics. *Earth-Science Review*, 79, pp. 33-52.

BUTT, T., RUSSELL, P., TURNER, L., 2001, The influence of swash infiltration-exfiltration on beach face sediment transport onshore or offshore. *Coastal Engineering*, 42, pp. 35-52.

CAILLIBOT, C., 1990, *Evolution de la vegetation halophyle et quelques marais salants dans le bassin oriental du Golfe du Morbihan*. Mémoire de Maîtrise, Géographie, Université de Rennes II, 153 p.

CAREX Environnement, 2002, *Reconstruction du village du Club Méditerranée de Moorea*. Etude d'impact. 35 p.

CARTER, R.W.G., 1988, *Coastal environments,* Academic Press, 617 p.

CARTER, R.W.G., JENNINGS, S.C., ORFORD, J.D., 1990, Headland erosion by waves, *Journal of Coastal Research,* 6, pp. 517-529.

CARTER, R.W.G., CURTIS, T.G.F., SHEEKHY-SKEFFINGTON, M.J., 1992, *Coastal dunes, geomorphology and management for conservation.* Balkena, Rotterdam, 533p.

CARTER, R.W.G., and WOODROFFE, C.D., 1994, Coastal evolution : an introduction. In CARTER, R.W.G., and WOODROFFE, C.D. (eds), *Coastal evolution.* New York, Campbridge University Press, pp. 33-86.

CATALIOTTI, D., MICHEL, P., LEVOY, F., 1997, *La défense des côtes contre l'érosion marine. Pour une approche globale et environnementale.* Ministère de l'aménagement du territoire et de l'environnement, 142 p.

CHAPELL, J., 1983, Threshold and lags in geomorphic changes. *Australian Geographer,* 15, pp. 357-367.

CHATENOUX, B., PEDUZZI, P., 2007, Impacts from the 2004 Indian Ocean tsunami : analysing the potential protecting role of environmental features. *Natural Hazards,* 40, pp. 289-304.

CHURCH, J.A., WHITE, N.J., HUNTER, J.R., 2006, Sea-level rise at tropical Pacific and Indian Ocean islands. Global and Planetary Changes, *53, pp. 155-168.*

COHEN, O., DOLIQUE, F., ANTHONY, E.J., HEQUETTE, A., 2002, l'approche morphodynamique en géomorphologie littorale. In : Le littoral : regards, pratiques et savoirs. *Etudes offertes à Fernand Verger, Editions Rue d'Ulm, ENS, pp. 191-214.*

COLLINSON, J.D., THOMPSON, D.B., 1982, *Sedimentary structures.* Allen & Unwin, Boston, 194 p.

CONLEY, D.C., GRIFFIN, J.G., 2004, Direct measurements of bed stress under swash in the field. *Journal of Geophysical Research,* 109, C03050.

CORMIER-SALEM, M.C. (Ed.), 1999, *Rivières du Sud, Sociétés et mangroves ouest-africaines.* IRD éditions, 2 vol., 416 + 288 p.

CORMIER-SALEM, M.C., 2003, Terroirs de l'extrême. *In* La Terre. *La Recherche,* Hors série, avril-juin 2003. pp. 62-66.

COWELL, P.J., THOM, B.G., 1994, Morphodynamics of coastal evolution. In CARTER, R.W.G., and WOODROFFE, C.D. (eds), *Coastal evolution.* New York, Campbridge University Press, pp. 33-86.

DALLERY, F., 1955, Les rivages de la Somme, autrefois, aujourd'hui et demain. *Mémoires de la société d'émulation historique et littéraire d'Abbeville,* Paris, Picard, 307 p.

DALONGEVILLE, R. (Ed.), 1984 *Le Beach-Rock.* Actes du colloque tenu à Lyon les 28 et 29 novembre 1983, 20 contributions, 197 p.

DAVIES, J.L., 1972, *Geographical variation in coastal development.* Geomorphology texts, Oliver & Boyd, 204 p.

DAVIES, P.J., MONTAGGIONI L., 1985, Reef growth and sea level change : a environmental signature. *Proc. 5th ICRC*, Tahiti, 3, 477-515.

DE LAMBLARDIE, M., 1795, Mémoire sur les côtes de Haute Normandie comprises entre l'embouchure de la Seine et celle de la Somme, considérées relativement au galet qui remplit les ports situés dans cette partie de la Manche. *Bulletin de la Société Géologique de Normandie*, t. 28, pp. 55-93.

DEAN, R.G., 1978, Heuristic models of sand transport in the surf zone. *Proc. 1st Australian Conference of Coastal Engineering*, pp. 208-214.

DERRUAU, M., 1996, *Composantes et concepts de la Géographie Physique.* Armand Colin, coll. U, série Géographie, 256 p.

DESCARTES, R., 1641, *Méditations métaphysiques,* nombreuses éditions.

DEWAILLY, J.M., FLAMENT, E., 1993, *Géographie du tourisme et des loisirs.* Paris, Sedes, 287 p.

DINGLER, J.R., 2005, Beach processes. In SCHWARTZ, M.L. *Encyclopedia of Coastal Science*, Springer, pp. 161-168.

Direction Interrégionale de Polynésie française – *METMAR*, n° 185, décembre 1999.

DJUWANSAH, M., DELAUNE, M., MARIUS, C., 1990, Sédimentologie des formations holocènes de la Guyane française. *In* : PROST, M-T., *Evolution des littoraux de Guyane et de la zone Caraïbe méridionale pendant le quaternaire.* Symposium PICG 274, ORSTOM Editions, 9-14 novembre 1990, pp 133-149.

DOLIQUE, F., 1997, *Modifications morphosédimentaires par influence estuarienne sur la*
flèche de galets des Bas-Champs de Cayeux. In *Littoraux entre environnement et aménagement* Presses universitaires de Caen, p. 25-31.

DOLIQUE, F., 1998, *Dynamique morphosédimentaire et aménagements induits du littoral picard au sud de la Baie de Somme.* Thèse, Université du Littoral Côte d'Opale. 417 p.

DOLIQUE, F., 1998b, Images des changements d'un littoral : les bas-Champs de Cayeux (Somme). *Mappemonde*, 98-2, 50, pp. 36-39.

DOLIQUE, F., 1999a, Le littoral des Bas-Champs de Cayeux (Somme), conflits et controverses pour une stratégie de défense contre la mer. *Revue de Géographie de Lyon*, 74, 99-1, pp. 59-64.

DOLIQUE, F., 1999b, Différenciation et caractérisation de deux unités d'un système plage : cordon de galets et bas de plage sableux : la cas des Bas-Champs de Cayeux (Somme). *Méditerranée*, n°4, pp. 69-72.

DOLIQUE, F., 1999c, *L'ensablement en Baie de Somme : processus naturels et responsabilités anthropiques.* La Baie de Somme en questions, imprimerie Carré, Amiens, pp. 11-19.

DOLIQUE, F., 1999d, Quelques interrogations concernant la politique de rechargement pratiquée sur la flèche de galets des Bas-Champs de Cayeux (Somme). *Hommes et Terres du Nord,* 1999-2, pp. 107-112.

DOLIQUE F., 2002, *Essais de quantifications le long d'une flèche littorale macrotidale, les Bas-Champs de Cayeux, Picardie.* Geomorpology : from expert opinion to modeling. Atribute to Professor Flageollet, CERG ed. pp 215-222

DOLIQUE F. 2003, *Le littoral picard : Le point sur les dynamiques et fonctionnements sédimentaires.* Conférence présentée aux élus et grand public de la région Picardie, dans le cadre des semaines de l'environnement, Maison de l'Oiseau, Lanchères, 5 mai 2003.

DOLIQUE, F., 2004, Le risque littoral en Guyane : rythmicités et évolutions in *« espaces tropicaux et risques : du local au global ».* IRD, Presses Universitaires d'Orléans, pp. 48-57.

DOLIQUE, F., 2005 *Usages d'une morphologie de transit péri-portuaire, le cas de Lomé, Togo.* Poster présenté dans le cadre des XI° journées de Géographie tropicale et Géographie de la mer et des littoraux, Fort de France, Martinique, 7-10 novembre 2005.

DOLIQUE, F., 2007, PROCLAM : problématique, objectifs et méthodologies. In : *Séminaire de démarrage du programme PROCLAM,* Actes du séminaire, Cayenne, 211 p.

DOLIQUE, F., 2008 sous presse, L'interface sable-vase en guyane. *Les Cahiers d'Outre Mer,* N° spécial « les interfaces », Actes du Colloque de la commission de Géographie de la mer et des littoraux et de la commission de Géographie tropicale, Martinique, Novembre 2005.

DOLIQUE, F., 2008b sous presse, Contraintes de développement du tourisme balnéaire en rapport avec la dynamique sédimentaire littorale : le cas de la Guyane française. *In* DEHOORNE, O. (ed) *Tourismes et environnements littoraux dans l'espace intertropical.* Université Antilles – Guyane, éditions Karthala.

DOLIQUE, F., ANTHONY, E.J., 1998, The gravel barrier of Cayeux-sur-mer, Picardy, France : a summary of recent morphosedimentary changes. *Journal de Recherche Océanographique,* Vol. 23, n°4, pp. 157-162.

DOLIQUE, F., ANTHONY, E.J., 1999, Influences à moyen terme (10 – 100 ans) d'un estran sableux macrotidal sur la stabilité d'un cordon de galets : la flèche de Cayeux, Picardie, France) *Géomorphologie, relief, processus, environnement.* 99-1, pp. 23-38.

DOLIQUE, F., ANTHONY, E. 2003 *Beach morphological response to Amazon-derived mud banks, Cayenne, French Guyana.* Congrès international de l'Association Française des Sédimentologistes. Bordeaux, 16-10-2003.

DOLIQUE, F., ANTHONY, E.J., 2005, Short-term profiles changes of sandy pocket beaches affected by Amazon-derived mud, Cayenne, French Guiana. *Journal of Coastal Research,* 21-6, pp. 1195-1202.

DOLIQUE, F., BASTIDE, J., 2003, Opérations de suivi topographique, méthode et résultats. *In* TRIPLER, P., DOLIQUE, F., BASTIDE, J., LEFEVRE, B., DESFOSSEZ, P., DESPREZ, M., TALLEUX, J.D., SUEUR, F., 2003, *Expérimentation du contrôle de la Spartine en Baie de Somme nord. Bilan des opérations de suivi 2002-2003.* Rapport final FEDER, DIREN, Conseil Régional de Picardie, Conseil Général de la Somme, SMACOPI, 87 p.

DOLIQUE, F., GRATIOT, N., PROISY, C., LEFEBVRE, J.P., 2005, *Influences topographiques sur la colonisation des propagules de mangrove, Guyane française.* Communication présentée dans le cadre du colloque international « écosystèmes forestiers caraïbes », Martinique, 5-10 décembre 2005.

DOLIQUE, F., BESSON, J., JEANSON, M., 2005b, *Utilisation de l'imagerie numérique basse altitude pour la caractérisation bathymétrique d'un ensemble lagonaire, Tiahura, Moorea, Polynésie française.* Poster présenté dans le cadre des XI° journées de Géographie tropicale et Géographie de la mer et des littoraux, Fort de France, Martinique, 7-10 novembre 2005.

DOLIQUE, F., JEANSON, M., BESSON, J., 2004, *Plant rehabilitation of a densely urbanised coral reef beach : Punaauia, Tahiti, French Polynesia.* Poster, 8è ICS, Santa Catarina, Brazil.

DOLIQUE, F., JEANSON, M., 2006, *Morphodynamique des littoraux de Mayotte (phase 2) : mise en place d'un réseau de quantification de l'érosion côtière. Contribution du laboratoire GEODAL-ULCO.* Rapport final de convention ULCO-GEODAL / BRGM, 34p.

DOLIQUE, F., LEFEBVRE, J.P., GRATIOT, N., 2001 *Dynamique à moyen et court terme de la flèche vaseuse de Kaw (Guyane Française),* Colloque "Ecosystèmes côtiers : flux et dynamiques" XXVIII colloque de l'Union des Océanographes de France, Villeneuve d'Ascq, 5, 6, 7 septembre 2001

DOLIQUE, F., LEFEBVRE, J.P., GRATIOT, N., 2002 *Evolution morphodynamique de la flèche vaseuse estuarienne de Kaw, Guyane française.* Geomorpology : from expert opinion to modeling. Atribute to Professor Flageollet, CERG ed., pp 313-316.

DOLIQUE, F. 2012 *ALERT : A monitoring network for beaches dynamics under hurricanes events.* Communication présentée dans le cadre de ISISA 2012, Islands world conference, British Virgin Islands, mai-juin 2012.

DODD R., RAFII Z., FROMARD F., BLASCO F., 1998, - Ecological functioning, and evolutionary diversity among atlantic coast mangroves. *Acta Oecologica* , 19 (3) pp. 323 - 330.

DUPON, J.F., BONVALLOT, J., VIGNERON, E. 1993, *Atlas de la Polynésie française.* ORSTOM, Paris. 250+112 p.

ELFRINK, B., HANES, D.M., RUESSINK, B.G., 2006, Parameterization and simulation of near bed orbital velocities under irregular waves in shallow water. *Coastal Engineering*, 53, pp. 915-927.

ELIAS, E.P.L., CLEVERINGA, J., BUIJSMAN, M.C., ROELVINK, J.A., STIVE, M.J.F., 2006, Field and model data analysis of sand patterns in Texel tidal inlet (the Netherlands). *Coastal Engineering*, 53, pp. 505-529.

ELKO, N.A., HOLMAN, R.A., GELFENBAUM, G., 2005, Quantifying the rapid evolution of a nourishment project with video imagery. *Journal of Coastal research*, 21-4, pp. 633-645.

ELLIOTT, M., BURDON, D., HEMINGWAY, L.K., APITZ, S.E., in press, Estuarine, coastal and marine ecosystem restoration : confusing management and science – a revision of concepts. *Estuarine, Coastal and Shelf Science.*

ELLIS, J., STONE, G.W., 2006, numerical simulation of net longshore transport and granulometry of surficial sediment along Chandeleur Island, Louisiana, USA. *Marine Geology*, 232, pp. 115-129.

ESPEUT, P., 1998, *Coastal management wise practices*, UNESCO-CSI.

EUROSION, 2004, *Vivre avec l'érosion côtière en Europe : espaces et sédiments pour un développement durable.* Commission européenne, direction générale de l'environnement. 27 p.

FAGOT, C., SOURNIA, A., TRIPLET, P., DESPREZ, M., DOLIQUE, F., SALIOU, P., 2001, *Projet de protocole d'expérimentation du contrôle de la Spartine en Baie de Somme.* SMACOPI, 20 p.

FENG, C., HUI-MEI, C., XIAN-ZE, S., DONG-XING, X., 2007, Analysis on morphodynamics of sandy beaches in south China. *Journal of Coastal Research*, 23-1, pp. 236-246.

FINKL, C.W. jr. (eds), 1994, coastal hazards : perception, susceptibility and mitigation. *Journal of Coastal Research*, SI 12.

FIOT, J., 2004, *Etude de l'influence des temps d'exondation sur la consolidation et la structuration des vases intertidales en Guyane française.* Mémoire de DEA, IRD, IUEM, 40 p.

FIOT, J., GRATIOT, N., 2006, Structural effects of tidal exposures on mudflats along the French Guiana coast. *Marine Geology*, 228, pp. 25-37.

FRANKEL, E., 1968, Rate of formation of beachrock. *Earth an Planetary Science Letters*, 4, 439-440.

FRETEY, J., 1987, Les tortues de Guyane française. *In* : Le littoral guyanais, Cayenne, Nature guyanaise, SEPENGUY. 141 p.

FRETEY, J., 2005, *Les tortues marines de Guyane.* Paris, Ed. Plume verte, 191 p.

FROIDEFOND J.M., PUJOS M., ANDRE X. 1988, migration of mud banks and changing coastline in French Guiana. *Marine Geology*, 1984, pp. 19-30.

FROMARD, F., VEGA, C., PROISY, C., 2004, Half a century of dynamic coastal change affecting mangrove shoreline of French Guiana. A case study based on remote sensing data analyses and field surveys. *Marine Geology*, 208, pp. 265-280.

GALISSON L., MOUTHON J.P., DEFOS DU RAU M. 2001, Présentation de la chaîne d'acquisition et de traitement des données topographiques par laser aéroporté en milieu tropical humide. *Bull. De la SFPT*, 161, pp. 49-56.

GAMBLIN, A., 1998, *Les littoraux, espaces de vie.* Dossiers des images économiques du Monde, SEDES, 365 p.

GALVIN, C.J., 1968, Breaker type classification on three laboratory beaches. *Journal of Geophysical Research*, 73, pp. 3651-3659.

GARDEL, A., GRATIOT, N., 2004, Monitoring of coastal dynamics in French Guiana from 16 yr of SPOT satellite images. *Journal of Coastal Research*, SI 39, (Proceedings ICS 2004).

GAY, J.C., 2003a, *L'Outre-mer français : un espace singulier,* Belin Sup. Géographie. 222 p.

GAY, J.C., 2003b, L'inversion du regard : de l'enfer au paradis. *In L'outre-mer français en mouvement.* Les dossiers, n° 8031, Documentation photographique, La documentation française. pp. 24-25.

GESAMP (international expert group), 1990, *The state of the marine environment.* UN regional seas reports and studies, n° 115, Oxford, Blackwell scientific, 146 p.

GINSBURG, R. N., 1953, Beachrock in south Florida. *Journal of Sedimentary Petrology*, 23, 85-92.

GLENN, N.F., STREUTKER, D.R., CHADWICK, D.J., THACKRAY, G.D., DORSCH, S.J., 2006, Analysis of LIDAR-derived topographic information for characterizing and differentiating landslide morphology and activity. *Geomorphology*, 73, pp. 137-148.

GOSS-CUSTARD, J.D., MOSER, M.E., 1990, Changes in the number of dunlin, Calidris alpina, in British estuaries in relation to the spread of Spartina anglica. *Journal of Applied Ecology*, 25, pp. 95-109.

GRATIOT, N., GARDEL, A., POLIDORI, L. 2006, *Remote sensing based bathymetry on the highly dynamic Amazonian coast.* 9th International Coastal Symposium acts, Iceland.

GROCHOWSKI, N.T.L, COLLINS, M.B., BOXALL, S.R., SALOMON, J.C., BRETON, M., LAFITE, R., 1993, Sediment transport pathways in the eastern English Channel. *Oceanologica Acta*, 16, pp. 531-537.

GROUSSIN, J., 2001, *Le climat guyanais.* Atlas illustré de la Guyane, Sous la direction de Jacques BARRET, IRD éditions, 215 p.

GUENEGOU, M.C., LEVASSEUR, J.E., 1988, Extension de Spartina Anglica sur les côtes armoricaines. *Bull. Centre de Géomorphologie*, 36, pp. 89-92.

GUERNIER, V., HOCHBERG M.E., GUEGAN, J.-F., 2004. Ecology drives the worldwide distribution of human diseases., *PloS 2004 2* (6), pp. 740-746

GUIGO, M., DAVOINE, P.A., DUBUS, N., GUARNIERI, F., RICHARD, B., BAILLY, B., 1995, *Gestion de l'environnement et systèmes experts.* Masson, coll. Géographie, 181 p.

GUILCHER, A., 1961, Le beach rock ou grès de plage. *Annales de Geographie.* 70, 113-125.

GUILCHER, A., 1986, Coral reef environment : damage through man action, efforts for better management. *Thalassas*, 1, pp. 57-61.

GUILCHER, A., 1988, *Coral reef geomorphology.* J. Wiley & sons, 228 p.

GUZA, R.T., INMAN, D.L., 1975, Edge waves and beach cusps. *Journal of Geophysical Research*, 80, pp 2997-3012.

HAMM, L., CAPOBIANCO, H., DETTE, H.H., LECHUGA, A., SPANHOFF, R., STIVE, M.J.F., 2002, A summary of European experience with shore nourishment. *Coastal Engineering,* Vol. 47, Iss2, pp. 237-264.

HANOR. J.S., 1978, Precipitation of beachrock cements : mixing of marine and meteoric waters vs. CO_2-degassing. *Journal of Sedimentary Petrology,* 48, 489-501.

HARTNALL, T.J., 1984, Saltmarsh vegetation and micro-relief development on the New Marsh, Gibraltar Point, Lincolnshire. *In :* Clark, M.W., *Coastal research : UK perspectives,* edit, geobook Norwich, pp. 37-58.

HERAUD, G., 1880, Rapport sur la reconnaissance de la baie de Somme et ses abords en 1878. *Recherches hydrographiques, régime côtes,* 1880, 10ème cahier, 77p.

HIGGINS, C.G., 1994, Subsurface environments of beaches – temperatures and salinity. *Geologic Society of America.* Seattle meeting, A-364.

HINRICHSEN, D., 1990, *Our common seas : coasts in crisis.* London, Earthscan.

HODEBAR, L., 2001, *Le Tourisme en Guyane.* Atlas illustré de la Guyane, Sous la direction de Jacques BARRET, IRD éditions, 215 p.

HOLLEY, F., 2003, *Evolution spatiale des mangroves de Mayotte et activités humaines dans les basins versant.* IFRECOR, DAF, ESPACES, ESA-PURPAN, 86 p.

HOLLIGANS, P., DE BOOIS, H., 1993, *Land-Ocean interactions in the coastal zone.* IGBP report, N° 25.

HOLLINGS, C.S., 1973, Resilience and stability of ecological systems. *Annual Review of Ecological Systems.* 4, pp. 1-23.

HORN, D. P., 1997, Beach research in the 90's. *Progress in physical geography,* 21-3, pp. 454-470.

HOUSER, C., GREENWOOD, B., 2005, Profile response of a lacustrine multiple barred nearshore to a sequence of storm events. *Geomorphology,* 69, pp. 118-137.

HUGO, V., 1892, En voyage, France et Belgique, lettre écrite le 8 septembre 1838. *in : œuvres complètes,* tome 13, publié en 1892, Paris, 104 p.

INMAN, D.L., CHAMBERLAIN, T.K., 1960, Littoral sand budget along the southern California coast. In volume of abstracts, *report of the 21st international Geological Congress,* Copenhagen, Denmark. pp. 245-246.

IPCC, 2001, *Climate change 2001, The scientific basis & impacts, adaptation and vulnerability.* Third assessment report. Cambridge University Press

IVAMY, M.C., KENCH, P.S., 2006, Hydrodynamics and morphological adjustment of a mixed sand and gravel beach, Torere, Bay of Plenty, New Zealand. *Marine Geology,* 228, pp. 137-152.

JACKSON, D.W.T., COOPER, J.A.G., DEL RIO, L., 2005, Geological control of beach morphodynamic state. *Marine Geology,* 216, pp. 297-314.

JEANSON, M., 2004, *Dynamique morphosédimmentaire en milieu récifal et lagonaire, étude de cas aux îles de Tahiti et Moorea (Polynésie française)*. Mémoire de Maîtrise sous la direction de F. DOLIQUE, Université de Reims, , 184 p.

JEANSON, M., 2005, *La dynamique des mangroves à l'ouest et au sud de Mayotte. Caractérisation des influences lagonaires*. Mémoire de DEA sous la direction de F. DOLIQUE, Université de Reims, 141 p.

JEANSON, M., DOLIQUE, F., DELATORRE, Y., 2006 *Mise en place d'un réseau de surveillance de la dynamique côtière à Mayotte*. Communication présentée dans le cadre du colloque en hommage au professeur Roland Paskoff, Tunis, 11, 12 et 13 septembre 2006.

JEANSON, M., DOLIQUE, F., ANTHONY, E.J., 2010 Un réseau de surveillance des littoraux face au changement climatique en milieu insulaire tropical : l'exemple de Mayotte , *VertigO - la revue électronique en sciences de l'environnement* [En ligne], Volume 10 Numéro 3 | décembre 2010, mis en ligne le 20 décembre 2010, URL : http://vertigo.revues.org/10512 ; DOI : 10.4000/vertigo.10512

JEANSON, M., DOLIQUE, F., ANTHONY, E.J., AUBRY, A. 2012 Temporal and spatial variations in wave characteristics over a reef-lagoon system in Mayotte Island, Indian Ocean : an experimental approach *Coral Reef* (in press)

JOSEPH, A., PRABHUDESAI, R.G., KUMAR, V., MEHRA, P., NAGVEKAR, S., 2005, Meteorologically incuced modulation in sea-level of Tikkavanipalem coast – central east coast of India. *Journal of Coastal Research*, 21-5, pp. 880-886.

KANA, W., AL-SARAWI, M., 1988, Kuwait. *In* WALKER, H.J., (ed), *Artificial structures and shorelines*. Dodrecht, Kluwer Academic, pp. 264-268.

KELLETAT, D.H., 1997, Mediterranean coastal biogeomorphology : processes, forms and sea-level indicators, *Bull. Inst. océanogr.*, NS18 (2 p.3/4), pp. 209-226.

KEMP, P.H., 1961, The relationship between wave action and beach profile characteristics. *Proc. 7th Conf. Coast. Eng.* ; American Society of Civil Engineers, pp. 262-277.

KEMP, P.H., PLINSTON, D.T., 1968, Beaches produced by waves and low phases difference. *Proc. ASCE Journ. Hydr. Div.*, 94, pp. 1183-1195.

KINEKE, J.C., 1993, *Fluid muds on the Amazon continental shelf*. PhD thesis, Univ of Washington, Seatle, 259 p.

KLEINEN, J., 2007, Historical perspectives on typhoons and tropical storms in the natural and socio-economic system of Nam Dinh (Vietnam). *Journal of Asian Earth Sciences*, 29, pp. 523-531.

KLEINHANS, M.G., GRASMEIJER, B.T., 2006, Bed load transport on the shoreface by currents and waves. *Coastal Engineering*, 53, pp. 983-996.

KOMAR, P.D., 1985, Computer models of shoreline configuration : headland erosion and the graded beach revisited. In WOLDENBERG, M.J. (ed.), *Models in geomorphology*. Allen & Unwin, pp. 155-170.

KOSTASCHUK, R., BEST, J., VILLARD, P., PEAKALL, J., FRANKLIN, M., 2005, Measuring flow velocity and sediment transport with an acoustic Doppler current profiler. *Geomorphology*, 68, pp. 25-37.

KRUMBEIN, W.E. 1979 Photolithotropic and chemoorganotrophic activity of bacteria and algae as related to beachrock formation and degradation (Gulf of Aqaba, Sinaï). *Geomicrobiology*, 1, 139-203.

LAFOND, L.R., 1967, *Etudes littorales et estuariennes en zone intertropicale humide*. Thèse, Université d'Orsay, 836 p.

LATTEUX, B., 2000, *Synthèse relative au littoral haut-normand et picard*. Livre 1 : le milieu physique. Préfecture de la Région Picardie, DDE Somme, 93 p + annexes.

LAWRENCE, P.L., DAVIDSON-ARNOTT, R.G.D., 1997, Alongshore wave energy and sediment transport on southeastern lake Huron, Ontario, Canada. *Journal of Coastal Research*, 13-4, pp. 1004-1015.

LE GOFF, F., 1999, *Stimulation des peuplements de Salicorne en Baie de Somme. Synthèse des recherches 1997-2000 et propositions d'actions appliquées*. INRA, Université de Rennes.

LEBIGRE, J-M., 1997, Problèmes d'érosion dans les marais à mangrove de Mayotte (archipel des Commores). *Trav. Lab. De Géogr. Phys. Appl.*, n° 15; pp. 45-48.

LEE, M.W.E., SEAR, D.A., ATKINSON, P.M., COLLINS, M.B., OAKEY, R.J., 2007, Number of tracers required for the measurement of longshore transport distance on a shingle beach. *Marine Geology*, 240, pp. 57-63.

LEFEBVRE J.P., DOLIQUE F., GRATIOT N. 2004, Geomorphic evolution of a coastal mudflat under oceanic influences : an example from the dynamic shoreline of French Guiana. *Marine Geology*, 208, pp. 191-205.

LEFEUVRE, J.C., 1991, Les conflits d'utilisation en zone littorale *in : Le littoral, ses contraintes environnementales et ses conflits d'utilisation*, Union des Océanographes de France et Société Française d'Ecologie, Actes du Colloque, Université de Nantes, 1 au 4 juillet 1991.

LEFEVRE P., GEHU, J.M., LEFEBVRE, G., BRACQUART, N., 1983, *La plaine maritime picarde*. CRDP, Amiens, 138 p.

LENHARDT, X., 1991, *Hydrodynamique des lagons d'atoll et d'île haute en Polynésie française*. ORSTOM éditions, coll. Etudes et thèses, 132 p.

LEONARD, L.A., DIXON, K.L., PILKEY, O.H., 1990, A comparison of beach replenishment of the U.S. Atlantic, Pacific and Gulf coasts. *Journal of Coastal Research*, SI 6, pp. 127-140.

LEVOY, F., ANTHONY, E.J., BARUSSEAU, J.P., HOWA, H., TESSIER, B., 1998, Morphodynamique d'une plage macrotidale à barres. *Comptes rendus de l'Académie des Sciences, Sciences de la Terre et de Planètes*, 327, pp. 811-818.

LEVOY, F., ANTHONY, E.J., MONFORT, O., LARSONNEUR, C. 2000, The morphodynamics of megatidal beaches in Normandy, France. *Marine Geology*, 171, pp. 39-59.

LIPPMAN, T., HOLMAN, R., 1990, The spatial and temporal variability of sand bar morphology. *Journal of Geophysical Research*, 94, pp. 995-1011.

LONG, A.J., WALLER, M.P., PLATER, A.J., 2006, Coastal resilience and late Holocene tidal inlet history : the evolution of Dungeness Foreland and the Romney Marsh depositional complex (U.K). *Geomorphology*, 82, pp. 309-330.

LONGO, S., PETTI, M., LOSADA, I.J., 2002, Turbulence in the surf and swash zones : a review. *Coastal Engineering*, 45, pp. 129-147.

MAITI, D., THOMAS, Y.F., 1975. *Interactions des plantes et du vent dans les dunes littorales*. Mém. Lab. Géomorph. EPHE, 28, 59 p.

MALATRE, X., 2001, *Santé et équipements médico-hospitaliers en Guyane*. Atlas illustré de la Guyane, Sous la direction de Jacques BARRET, IRD éditions, 215 p.

MARTINET, F., 2005, *Détermination d'un système opérationnel de mesures topographiques applicable aux mangroves du sud et de l'ouest de Mayotte*. Mémoire de Master 1, Université de Reims, Université du littoral. Direction : Franck DOLIQUE., 126 p.

MARTY, C., 2002, *Animaux venimeux de Guyane, présentant un risque pour l'homme*. CRESTIG, 121 p.

MASON, D.C., SCOTT, T.R., WANG, H.J., 2006, Extraction of tidal channel networks from airborne scanning laser altimetry. *Journal of Photogrammetry & Remote Sensing*, 61, pp. 67-83.

MASON D.C., DAVENPORT I.J., ROBINSON G.J. 1995, Construction of an intertidal digital elevation model by the « water line » method. *Geoph. Res. Letters*, 22, pp. 3187-3190.

MASSELINK, G., PULEO, J.A., 2006, Swash zone morphodynamics. *Continental Shelf Research*, 26, pp. 661-680.

MASSELINK, G., KROON, A., DAVIDSON-ARNOTT, R.G.D., 2006, Morphodynamics of intertidal bars in wave-dominated coastal settings – a review. *Geomorphology*, 73, pp. 33-49.

MASSELINK, G., RUSSELL, P., 2006, Flow velocities, sediment transport and morphological change in the swash zone of two contrasting beaches. *Marine Geology*, 227, pp. 227-240.

MASSELINK, G., SHORT, A.D., 1993, The effect of tide range on beach morphodynamics and morphology : a conceptual model. *Journal of Coastal research*, 9-3, pp. 785-800.

MAY, J.P., 1974, WAVENRG : a computer program to determine the distribution of energy dissipation in shoaling water waves with examples from coastal Florida. In TANNER, W.F (ed.), *Sediment transport in the nearshore zone*, Florida State University, pp. 22-60.

MAY, J.P., TANNER, W.F., 1973, The littoral drift power gradient and shorelines changes. In COATES, D.R. (ed.), *Coastal geomorphology*, University of New-York, pp. 43-60.

Mc COWAN, J., 1984, On the highest wave of permanent type. *The London, Edimbourg and Dublin philosophical magazine and journal science*, 5th serie, 38, pp. 351-357.

MIGNIOT, C., 1981 : *La défense des côtes : érosion et sédimentation en mer : les causes et les moyens d'action.* LCHF, Ecole Natiuonale des Ponts et Chaussées, formation continue.

MILES, J., BUTT, T., RUSSELL, P., 2006, Swash zone sediment dynamics : a comparison of dissipative and an intermediate beach. *Marine Geology*, 231, pp. 181-200.

Ministère de l'aménagement du territoire et de l'environnement, 1999, *La défense des côtes contre l'érosion marine*, 142 p.

NICHOLLS, R.J., LOWE, J.A. 2004, Benefits of mitigation of climate change for coastal areas. *Global Environmental Change*, 14, pp. 229-244.

NIWA Workshop report, 2001, *Climate trends and variability in oceania.* 2nd APN workshop on climate variability and trends in oceania, 5-6 nov. 2001, Auckland, New-Zealand.

NORDSTROM, K.F., PSUTY, N., CARTER, B., 1992. *Coastal dunes, form and processes.* Wiley, Chichester, 392p.

MOLENAAR, N., VENMANS, A.A.M., 1993 Calcium carbonate cementation of sand : a method for producing artificially cemented samples for geotechnical testing and a comparison with natural cementation processes. *Engineering geology*, 35, 103-122.

NEDECO, 1968, *Surinam transportation study : report on hydraulic investigation.* The Hague, Netherlands, 293 p.

NESTEROFF, W.D., 1954, Sur la formation des grés de plage ou « beach rock » en mer rouge. *Comptes Rendus de l'Académie des Sciences*, t 238, 2547-2548.

NESTEROFF, W.D., 1956, Le substratum organique dans les dépôts calcaires. Sa signification. *Bull. S.G.F.*, 6e série, t. 6, 381.

OTTMANN F., 1965, *Géologie marine et littorale*, Masson, 259 p.

PARIS, R., LAVIGNE, F., WASSMER, P., SARTOHADI, J., 2007, Coastal sedimentation associated with the december 26, 2004 tsunami in Lhok Nga, west Banda Aceh (Sumatra, Indonesia). *Marine Geology*, 238, pp. 93-106.

PASKOFF, R., 1993, *Côtes en danger*, Masson, pratiques de la Géographie, 250 p.

PASKOFF, R., 1994, *Les littoraux : impacts des aménagements sur leur évolution.* Masson Géographie, 2ème édition, 256 p.

PASKOFF, R., 2000, *les changements climatiques et les espaces côtiers.* Actes de colloque, Arles, La documentation française, 97 p.

PHILLIPS, C.J., WILLETTS, B.B., 1978, A review of selected literature on sand stabilisation. *Coastal Engineering*, 2, pp. 133-147.

PILKEY, O.H., WRIGHT, H.L., 1990, Seawalls versus beaches. *Journal of Coastal Research,* 6-1, pp. 3-7.

PINOT, J.P., 2002, Géographie des littoraux en France : évolution d'une discipline. *In :* *Le littoral : regard, pratiques et savoirs.* Etudes offertes à Fernand Verger. Editions Rue d'Ulm, ENS, pp. 27-58.

PIRAZZOLI, P.A., 1993, *Les littoraux*. Nathan Université, 191 p.

PLANT, N.G., AARNINKHOF, S.G.J., TURNER, I.L., KINGSTON, K.S., 2007, The performance of shoreline detection models applied to video imagery. *Journal of Coastal research*, 23-3, pp. 658-670.

POLUNIN, I., 1987 *Plants and Flowers of Singapore*, Times Editions, 1987, 160 p.

PROISY C., GOND V., FROMARD F., TRICHON V. 2005, *Etude de la forêt guyanaise à partir d'observations aériennes et spatiales : action 1.1 : caractériser l'écosystème forestier guyanais pour mieux le gérer*. Rapport scientifique de fin de convention, Sylvolab Guyane, IRD AMAP, CIRAD, LADIBIO. 57 p.

PROST, M.T., 1989, Coastal dynamics and chenier sands in French Guiana. *Marine Geology*, 90, pp. 259-267.

PUJOS, M., PONS, J-C., 1986, Similitudes et divergences morphosédimentaires sur les plateaux continentaux et insulaires en milieu tropical (Guyane française, Colombie, Martinique). *In :* SEPANGUY-SEPANRIT, *Le littoral Guyanais, fragilité de l'environnement*, Cayenne, 239 p.

PUJOS, PONS, J-C., PARRA, M., 2001, Les minéraux lourds des sables du littoral de la Guyane française: bilan sur l'origine des dépôts de la plate-forme des Guyanes = Heavy minerals in sediments of the French Guiana coast : sources of deposits on Guiana shelves , *Ocanologica Acta*, 2001, vol. 24, pp. S27-S35

PURSER, B.H., 1980, *Sédimentation et diagenèse des carbonates néritiques récents*. Technip, Paris, 1980, 366 p.

QUARTEL, S., ADDINK, E.A., RUESSINK, B.G., 2006, Object-oriented extraction of beach morphology from video images. *International Journal of Applied Earth Observation and Geoinformation,* 8, pp. 256-269.

QUEFFEULOU, G., 1992, *Le littoral des Bas-Champs, un cas de risque majeur littoral*. Mémoire de DESS génie géologique, Orsay, 125 p.

RAYBOULT, A.F., GRAY, A.J., LAWRENCE, M.J., MARSHALL, D.F., 1991, The evolution of Spartina anglica C.E. Hubbard (graminae) : genetic variation and status of the parental species in Britain. *Biological journal*, 44, pp. 369-380.

REGNAUD, H., 2006, *Cours d'initiation à la morphologie littorale*. ENVAM, formation continue, Université Rennes 1.

REGRAIN, R., 1970, *Le littoral des Bas-Champs, au sud de la Somme*. Annales du CRDP, Amiens, 27 p.

REGRAIN, R., 1971, *Etude géographique, essai de géomorphologie statique, cinématique et dynamique du littoral picard*. CRDP, Amiens, 107 p.

REY, R., RUBIO, B., BERNABEU, A.M., VILAS, F., 2004, Formation, exposure and evolution of a hight-latitude beachrock in the intertidal zone of the Corrubedo complex (Ria de Arousa, Galicia, NW Spain). *Sedimentary Geology*, 169, 93-105.

RITTER, C., 1818, *Die Erdkunde im Verhältniss zur Natur und zur Geschichte des Menschen : oder allgemeine vergleichende Geographie, als sichere Grundlage des*

242

Studiums und Unterrichts in physikalischen und historischen Wissenschaften, 1ère édition, 1817-1818, 2e édition, 1822-1859, 19 vol.

ROBBE, C., 2000, *Déséquilibre des relations de l'homme avec son milieu au sein de l'espace insulaire mahorais : dynamique et usages de la mangrove (île de Mayotte, Océan Indien).* Rapport de stage de DESS, Université de Bourgogne, 47 p.

ROBERTSON, W.V., ZHANG, K., WHITMAN, D., 2007, Hurricane-induced beach change derived from airborne laser measurements near Panama City, Florida. *Marine Geology,* 237, pp. 191-205.

ROONEY, J.J.B., FLETCHER, C.H., 2005, Shoreline change and pacific climatic oscillations in Kihei, Maui, Hawaii. *Journal of Coastal Research,* 21-3, pp. 534-547.

ROSATI, J.D., 2005, Concepts in sediment budgets. *Journal of coastal research,* 21-2, pp. 307-322.

ROSSI, G., 1988, Un exemple d'utilisation d'une défense naturelle contre l'érosion littorale : le grès de plage. *Revue de Géomorphologie Dynamique,* Tome 37, pp. 1-10.

ROSSI, G., 1989, L'érosion du littoral dans le golfe du Bénin : un exemple de perturbation d'un équilibre morphodynamique. *Zeitschrift Für Geomorphologie,* SI 73, pp. 139-165.

ROSSO, P.H., USTIN, S.L., HASTINGS, A., 2006, Use of lidar to study changes associated with Spartina invasion in San Francisco Bay marshes. *Remote Sensing of Environment,* 100, pp. 295-306.

ROZYNSKI, G., 2007, Infragravity waves at a dissipative coast ; evidence upon multi-resolution analysis. *Coastal Engineering,* 54, pp. 217-232.

RUGGIERO, P., KAMINSKY, G.M., GELFENBAUM, G., VOIGT, B., 2005, Seasonal to interannual morphodynamics along high-energy dissipative littoral cell. *Journal of Coastal Research,* 21-3, pp. 553-578.

RUSSELL, R.J., 1962, Origin of beach rock. *Zeit. Geomorph.* 3, 227-236.

RUSSELL, R.J., 1971, Water-table effects on seacoasts. *Geology Society of America Bull.* 82, 2343-2348.

SALVAT, B., 1992, Coral reef : a challenging ecosystem for human societies. *Global Environment Change,* 1, pp. 12-18.

SASAKI, T., 1980, *Proc. Coast Zone '80,* ASCE, pp. 3197-3209.

SAN ROMAN-BIANCO, B.L., COATES, T.T., HOLMES, P., CHADWICK, A.J., BRADBURY, A., BALDOCK, T.E., PEDROZO-ACUNA, A., LAWRENCE, J., GRUNE, J., 2006, Large scale experiments on gravel and mixed beaches : experimental procedure, data documentation and initial results. *Coastal Engineering,* 53, pp. 349-362.

SCHMALZ, R.F., 1971, Formation of beachrock at Eniwetok Atoll. *In* Bricker, O.P., (ed), *Carbonate cements.* Baltimore, John Hopkins University press, 17-24.

SCOFFIN, T.P., STODDART, D.R., 1987, Beachrock and intertidal cements. *In* Scoffin T.P. (Ed.) : *An introduction to carbonate sediments and rocks.* Glasgow, Blackie Publishing Company, 401-425.

SDAGE Guyane, 2001, *Schéma Directeur d'Aménagement et de Gestion des Eaux de Guyane.* Comité de bassin Guyane, DIREN, BRGM, Ed. Racine, 248 p.

Secrétariat d'Etat au Tourisme, 2004, *Le tourisme dans l'outre-mer français.* Document mis en ligne sur le site Internet : http:// www.tourisme.equipement.gouv.fr

SEDRATI, M., 2006, *Morphodynamique transversale et longitudinale de plages à barres intertidales en domaine macrotidal et en conditions de forte agitation : baie de Wissant, Nord de la France.* Thèse de Doctorat, Géographie Physique, Université du Littoral Côte d'Opale. 216 p. + annexes.

SEDRATI, M., ANTHONY, E., 2007, Strrm-generated morphological change and longshore sand transport in the intertidal zone of multi-barred macrotidal beach. *Marine Geology,* 244, pp. 209-229.

SHEFFERS, A., SHEFFERS, S., 2006, Documentation of the impact of hurricane Ivan on the coastline of Bonaire (Netherland Antilles). *Journal of Coastal Research,* 22-6, pp. 1437-1450.

SHORT, A.D., AAGARD, T., 1993, Single and multi-bar beach change models. *Journal of Coastal Research,* SI 15, pp. 141-157.

SHORT, A.D., HESP, P.A., 1982, wave, beach and dune interactions in southern Australia. *Marine Geology,* 48, pp. 259-284.

SHORT, A.D., MASSELINK, G., 1999, Embayed and structurally controlled beaches. *In* SHORT, A.D., (ed), *Handbook of beach and shoreface morphodynamics.* Chichester, Wiley, 1999, pp. 230-250.

SIEGLE, E., HUNTLEY, D.A., DAVIDSON, M.A., 2007, Coupling video imaging and numerical modelling for the study of inlet morphodynamics. *Marine Geology,* 236, pp. 143-163.

SMALL, C., GORNITZ, V., COHEN, J.E., 2000, Coastal hazards and the global distribution of human population. *Environmental Geosciences.* 7. 3-12.

SOURNIA, A., FAGOT, C., TRIPLET, P., DESPREZ, M., 2000, *Contrôle de la Spartine en Baie de Somme : contribution à la réflexion.* SMACOPI, GEMEL, RAMSAR, Réserve naturelle de la Baie de Somme, 46 p. + annexes.

SPALDING, M.D., GRENFELL, A.M., 1997, New stimates of global and regional coral reef areas. *Coral Reefs,* 16, pp. 225-230.

SPALDING, M.D., RAVILIOUS, C., GREEN, E.P., 2001, *World Atlas of Coral Reef.* UNEP, University of California Press, 424p.

SPURGEON, D., DAVIS Jr, R.A., SHINNU, E.A., 2003, Formation of "beach rock" at Siesta Key, Florida and its influence on barrier island development. *Marine Geology,* 200, pp. 19-29.

SRINIVASALU, S., THANGADURAI, N., SWITZER, A.D., RAM MOHAN, V., AYYAMPERUMAL, T., 2007, Erosion and sedimentation in Kalpakkam (N Tamil Nadu, India) from the 26th December tsunami. *Marine Geology,* 240, pp. 65-75.

STAPPOR, F.W., 1974, The "cell" concept in coastal geoogy. In TANNER, W.F. (ed.), *Sediment transport in the nearshore zone,* Florida State University, pp. 1-11.

STEERS, J.A., 1969, *Coasts and beaches*. Oliver & Boyd, 136 p.

STOCKDON, H.F., HOLMAN, R.A., HOWD, P.A., SALLENGER Jr, A.H., 2006, Empirical parametrization of setup, swash, and runup. *Coastal engineering*, 53, pp. 473-588.

STOCKDON, H.F., SALLENGER, A.H., HOLMAN, R.A., HOWD, P.A., 2007, A simple model for the spatially-variable coastal response to hurricanes. *Marine Geology*, 238, pp. 1-20.

STODDART, D.R., CANN, J.R, 1965, Nature and origin of beachrock. *Journal of Sedimentary* Petrology, 35(1), 243-273.

STOJANOVIC, T., BALLINGER, R.C., LALWANI, C.S., 2004, Successful integrated coastal management : measuring it with research and contributing to wise practice. *Ocean and Coastal management*, 47, pp. 273-298.

STRASSER, A., DAVAUD, E., 1985, Recognition of ancient sea levels using sedimentological and diagenetic criteria. *Proc. 5th ICRC*, Tahiti, 3, 157-162.

STRASSER, A., DAVAUD, E., JEDOUI, Y., 1989, Carbonate cements in Holocene beachrock : example from Bahiret el Biban, southeastern Tunisia. *Sedimentary geology*, 62, 89-100.

SUNAMURA, T. 1988, Beach morphologies and their change. In HORIKAWA, K. (ed), *Nearshore dynamics and coastal processes*. University of Tokyo press, pp. 133-166.

TAN, H.T.W., 1995 *A Guide to the Threatened Plants of Singapore*, Singapore Science Centre, 158 p.

TANNER, W.F., 1974, Application of the "a, b, c..." model. In TANNER, W.F. (ed.), *Sediment transport in the nearshore zone*, Florida State University, pp. 104-114.

TANNER, W.F., 1987, The beach, where is the "river of sand" ? *Journal of Coastal Research*, 3, pp. 377-386.

TAYLOR, J.C.M., ILLING, L.V., 1969, Holocene intertidal calcium carbonate cementation, Quatar, Persian Gulf. *Sedimentology*, 12, 69-107.

THOMASSIN, B., 1990, *Les mangroves à Mayotte* (île haute du canal du Mozambique, SW de l'Océan Indien). Rapport pour la Direction de l'Equipement, service de l'aménagement, Mayotte. 90 p.

THORNTON, E., DALRYMPLE, R.A., DRAKE, T.G., ELGAR, S., GALLAGHER, E.L., GUZA, R.T., HAY, A.E., HOLMAN, R.A., KAIHATU, J.M., LIPPMANN, T.C., OZKAN-HALLER, H.T., 2000, *State of nearshore processes research, II*. Naval postgraduate school technical report. NPS-OC-00-001.

THORSTENSON, D.C., MACKENZIE, F.T., RISTVET, B.L., 1972, Experimental vadose and phreatic cementation of skeletal carbonate sand. *Journal if Sedimentary Petrology*, 42(1), 162-167.

TITUS, J.G., 2005, *Greenhouse effect and global warming. In* SCHWARTZ, M., *Encyclopedia of coastal science*, Springer ed., pp. 494-502.

TONK, A., MASSELINK, G., 2005, Evaluation of longshore transport equations with OBS sensors, streamer traps, and fluorescent tracer. *Journal of Coastal Research*, 21-5, pp. 915-931.

TURNER, R.J., 2005, Beachrock. *In* Schwartz M.L. *Encyclopedia of coastal science*. Springer, 1211 p.

UNESCO-CSI 2007, (Environment and development in coastal regions and small islands), Coastal management sourcebook 1, case 10, conserving reefs. Lien internet : http://www.unesco.org/csi/pub/source/ero10.htm

UNNIKRISHNAN, A.S., SHANKAR, D., 2007, Are sea-level rise trends along the coasts of the north Indian Ocean consistent with global estimates ? *Global and Planetary Change*, 57, pp. 301-307.

VAN DER MEULEN, F., JUNGERIUS, P.D., VISSER, J., 1989, *Perspectives in coastal dune management*. SPB Academic publishing, La Haye, 334 p.

VERGER, F., 2005, *Marais et estuaires du littoral français*. BELIN, 335 p.

VIDAL DE LA BLACHE, P. de, 1883, *La terre, géographie physique et économique*, Paris 1883.

VIDAL DE LA BLACHE, P. de, 1921, *Principes de Géographie Humaine*, 327 p.

VILES, H., SPENCER, T., 1995, *Coastal problems*. Arnold, 350 p.

De VRIEND, H.J., 1991, Mathematical modelling and large-scale coastal behaviour. Part 1 : physical processes. *Journal of Hydraulic Research*, 29, pp. 727-740.

De VRIEND, H.J., STEIJN, R.C., 1993, Coastal morphological modelling for the southern north sea. In HILLEN and VERHAGEN (eds), *Coastlines of the southern north sea*. American Society of Civil Engineers, pp. 96-109.

WACKERMANN, G., HUETZ DE LEMPS, C., HUSSON, J.P., 1998, *Géographie humaine des littoraux maritimes*. Ellipses, Les dossiers du CAPES et de l'Agrégation. 143 p.

WANG, Y.H., LEE, I.H., WANG, D.P., 2005, Typhoon induced extreme coastal surge : a case study at northeast Taiwan in 1994. *Journal of Coastal Research*, 21-3, pp. 548-552.

WATSON, R.T. (Ed.), 2001, *Climate change 2001 : synthesis report*. IPCC, 205p.

WEE YEOW CHIN, 1992 *A Guide to Medicinal Plants*, Singapore Science Centre, 160 p.

WEIR, F.M., HUGHES, M.G., BALDOCK, T.E., 2006, Beach face and berm morphodynamics fronting a coastal lagoon. *Geomorphology*, 82, pp. 331-346.

WELLS, J.T., ADAMS, C.E., PARK, Y.A., FRANKENBERG, E.W., 1990, Morphology, sedimentology and tidal channel processes on a hight-tide range mud flat, west coast of South Korea. *Marine Geology*, 95, pp. 111 – 145.

WIGLEY, T.M.L., RAPPER, S.C.B, 2001, interpretations of hight projections of global mean warming. *Science*, 293, pp. 451-454.

WILKINSON, C., (Ed.), 2000, *Status of coral reefs of the world. Global Coral Reef Monitoring Network.* Australian Institute of Marine Science. Townsville, Australia

WILLIAMS, M.J., COLES, R., PRIMAVERA, J.H., 2007, pp. 364-367. A lesson from cyclone Larry : an untold story of the success of good coastal planning. *Estuarine, Coastal and Shelf Science,* 71, pp. 364-367.

WOODWORTH, P.L., 2005, Have there been large recent sea level changes in the Maldive Islands ? *Global and Planetary Change,* 49, pp. 1-18.

WRIGHT, L.D., SHORT, A.D. 1983, Morphodynamics of beach and surf zones in Australia, *in* KOMAR, P.D., *Handbook of coastal processes and erosion,* CRC Press, Boca-Raton, pp. 35-64.

WRIGHT, L.D., SHORT, A.D. 1984, Morphodanamic variability of surf zones and beaches : a synthesis. *Marine Geology,* 56, pp. 93-118.

WRIGHT, L.D., THOM, B.G., 1977, Coastal deposition landform : a morphodynamic approach. *Progress in Physical Geography,* 77-1, pp. 412-459.

ZHANG, K., WHITMAN, D., LEATHERMAN, S., ROBERTSON, W., 2005, Quantification of beach changes caused by Hurricane Floyd Along Florida's Atlantic Coast using airborne Laser Surveys. *Journal of Coastal research,* 21-1, pp. 123-134.

ZENKOVICH, V.P., 1967, *Processes of coastal development.* Oliver & Boyd. 738 p.

GLOSSAIRE

Agradation : élévation altitudinale (dynamique verticale) d'une surface par accumulation de matière (la plupart du temps sédimentaire).

AIRD : Agence Inter-établissements de Recherche pour le Développement

Backwash : voir Swash.

By-pass : technique qui consiste à rétablir artificiellement une dérive sédimentaire bloquée par un obstacle. Il peut s'agir d'une méthode d'aspiration et de rejet par pompe ou de transport des sédiments par wagonnets ou camions par exemple.

Chenier : cordons sableux individualisés, formés en milieux vaseux. Ces cordons reposent généralement sur une plate-forme vaseuse. On les rencontre souvent en milieu d'embouchures, en particulier les deltas, ou sur des côtes vaseuses ouvertes où ils forment des ensembles de rides successives.

Collapsing-surging breaker : vagues dont le contact à la côte présente un mouvement de gonflement et d'effondrement. Ce type de vague se rencontre au contact d'une pente très forte, presque verticale, ou d'un mur ou d'un enrochement (GALVIN, 1968).

Cross-shore : caractérise un mouvement transversal à la plage.

DGPS : voir GPS.

Estuaires « picards » : Il s'agit d'une typologie d'estuaires situés sur une portion de côte orientée nord-sud, en Picardie et dans le Nord – Pas-de-Calais, et dont le fonctionnement, à l'origine identique, provoque une translation progressive vers le nord. Les estuaires concernés sont ceux de la Somme, de l'Authie et de la Canche. Dominés par une dérive littorale nord-sud forte, ces estuaires voient se créer une flèche sédimentaire en rive gauche (sud) qui progresse vers l'intérieur de l'embouchure (*poulier*). A l'opposé, un secteur en érosion (*musoir*) se situe en rive droite (nord). L'évolution concomitante du poulier et du musoir provoque une translation progressive de l'estuaire vers le nord, effective au moins depuis la stabilisation de la remontée flandrienne (- 5 500 BP environ).

Feed-back (ou rétroaction) : la modification d'un composant de système réagit en retour, directement ou indirectement, sur ce composant (DERRUAU, 1996).
Action en retour d'un effet sur le dispositif qui lui a donné naissance (Wikipedia).

Effet dynamique de retour à la suite de la modification d'un paramètre systémique par un agent (définition personnelle).

La rétroaction peut être variable (positive ou amplification ; négative ou amortissement) en fonction de facteurs d'échelle ou d'inertie.

Fulcrum : En géomorphologie, définit pour une flèche littorale la zone de démarcation ou le point de pivotement entre la zone de recul et la zone d'accumulation sédimentaire.

GEODAL : GEOmorphologie Dynamique et Aménagement des Littoraux (ULCO, EA 3599)

GPS : Global Positionning System : système de positionnement pas satellite. Procédé américain basé sur la constellation de 36 satellites émettant un signal radio. A partir d'un récepteur au sol captant au minimum trois signaux radios de ces satellites, il est possible de se repérer depuis n'importe quel point de la terre, dans un référentiel géographique. L'ellipsoïde de référence utilisé est le WGS 84. La précision de localisation obtenue est de l'ordre de la dizaine de mètres. Une meilleure précision peut être acquise en plaçant une station de réception sur un point coté connu, qui va corriger les écarts de positionnement par une liaison radio vers le récepteur mobile : il s'agit du **DGPS** : Differential Global Positionning System.

Houle harmonique : définit une fréquence de houle correspondant à une demi-période incidente (T/2).

Houle incidente : définit un train de vagues dont la fréquence (T) est modale et observée.

Houle sub-harmonique : définit une fréquence de houle correspondant à 2 à 4 fois la période (2 à 4T)

Idiographique : Du grec *idios* : particulier. Qui étudie des faits uniques que l'on ne cherche pas ou que l'on arrive pas à ranger sous des lois.

IPCC : Intergovernmental Panel on Climate Change. Fr : GIEC : Groupe d'experts Intergouvernemental sur l'Evolution du Climat. Organisation créée en 1988, dépendante des Nations Unies et de l'Organisation Météorologique Mondiale, dont le rôle est de centraliser et évaluer sans parti pris les études scientifiques portant sur les changements climatologiques globaux afin d'éditer des rapports d'aide à la décision en matière de stratégies d'adaptation et d'atténuation.

IRD : Institut de Recherche pour le Développement.

Invasive : caractère d'une espèce vivante qui s'étend et envahit les milieux voisins.

Vagues d'infragravité : vagues fortement énergétiques, dont la fréquence est supérieure à 15 secondes et dont la formation résulte, la plupart du temps, de conjonction d'ondes de fréquences différentes.

LGZD : Laboratoire de Géographie Zonale pour le Développement (URCA).

LIDAR : (LIght Detection And Ranging) est une méthodologie qui permet d'obtenir des mesures altimétriques à partir d'une émission laser réalisée depuis un avion ou un hélicoptère. Le laser calcule la distance entre le vecteur aéroporté et le sol. L'émetteur laser est couplé à un GPS différentiel. Un semis de points est réalisé à partir duquel on peut éditer des modèles numériques de terrain géoréférencés et où apparaît la structure altitudinale et morphométrique d'un site.

Longshore : caractérise un mouvement longitudinal, parallèle à la plage.

Macrotidal : se dit d'un milieu dont l'amplitude de l'onde de marée (marnage) est comprise entre 4 et 6 mètres.

Mégatidal : se dit d'un milieu dont l'amplitude de l'onde de marée (marnage) est supérieure à 6 mètres.

Mésotidal : se dit d'un milieu dont l'amplitude de l'onde de marée (marnage) est comprise entre 2 et 4 mètres.

Microtidal : se dit d'un milieu dont l'amplitude de l'onde de marée (marnage) est comprise entre 0 et 2 mètres.

MNT : Modèle Numérique de Terrain : Représentation d'une surface de terrain en trois dimensions, à partir d'une matrice X, Y (positionnement) et Z (altitude). Certains logiciels sont spécialisés sur la représentation des données en 3D (*surfer, ArcGis 3D...*). La représentation graphique du relief peut prendre la forme de courbes de niveaux ou de structures « grillagées » issues de calculs par interpolations ou krigeages.

Musoir : Morphologie décrite par BRIQUET (1930) dans sa définition des *estuaires picards*. Il s'agit d'une zone en érosion située en rive droite du débouché estuarien. Fortement influencée par la houle et par la déviation du fleuve provoquée par le *poulier* et la dérive littorale dominante, le musoir recule en théorie au même rythme que l'avancée du poulier, ce qui provoque, à long terme, une translation de l'embouchure.

Nomothétique : du grec *nomos* : loi. Qui cherche à produire des lois ou des concepts.

Overtopping : définit les processus de débordement d'une crête de plage par la houle, et les phénomènes d'érosion - sédimentation qui lui sont associés, en particulier à l'arrière d'un cordon.

PCRD : Programme Cadre de Recherche et de Développement de la Communauté Européenne.

Plunging breaker : vague dont le déferlement se produit en volute. On trouve ce type de déferlement sur des plages à pente marquée (réfléchissantes) ou offrant un obstacle (récif). (GALVIN, 1968).

PNEC : Programme National Environnement Côtier.

Poulier : morphologie identifiée par BRIQUET (1930) dans sa définition des *estuaires picards*. Il s'agit d'une flèche littorale (sable pour l'Authie et la Canche, ou galets pour la Somme) située en rive gauche du débouché estuarien. Mue par la dérive littorale, cette flèche a tendance à progresser vers l'intérieur de l'estuaire, déviant les passes et le flux hydrologique du fleuve.

Rencloture : Terme picard qui s'applique à une surface agricole gagnée sur la mer (et en particulier en milieu estuarien) et délimité par des digues.

Résilience : Terme à l'origine appliqué en sciences mécaniques ou en psychologie. Il définit la propension d'une matière ou d'une personne à se reconstituer ou se reconstruire après avoir subi un choc.
En géomorphologie, cela définit le processus et le rythme de reconstitution (ou retour à un état modal d'équilibre antérieur) d'une forme ou d'un corps sédimentaire après avoir subi un stress (paroxysme météo-marin, aléa tellurique...).
La notion s'applique aussi souvent à la capacité de réaction de structures socio-économiques ou aux écosystèmes face à un aléa naturel ou technologique.

Rollover : définit le recul d'un cordon littoral par roulement. Le versant marin du cordon s'érode par effet de houle débordante (*washover*) et le sédiment est transporté au-delà de la crête du cordon pour se déposer sur le versant terrestre (*overtopping*). A terme, le cordon va évoluer vers l'intérieur des terres en roulant sur lui-même.

SIG : Système d'Information Géographique.

SMACOPI : Syndicat Mixte d'Aménagement de la COte PIcarde. Organisme chargé par le Conseil Général de la Somme de la gestion du littoral picard et des terrains du Conservatoire du Littoral.

Spilling breaker : vague caractérisée par un déferlement s'effondrant sur lui-même, dont la phase de swash est longue et générant beaucoup d'écume. L'eau glisse de la crête vers le versant avant de la vague en un écoulement turbulent. On trouve ce type de déferlement sur des plages à pente douce (dissipantes). (GALVIN, 1968).

Surf : définit une zone de brisure ou d'effondrement de vagues lors de leur approche à la côte.

Swash : mouvement hydraulique alternatif provoqué par le déferlement d'une vague à la côte. Il peut être décomposé par un mouvement aller (*Uprush* ou flux ou déferlement *stricto sensu*) et un mouvement retour (*backwash* ou reflux). La dissymétrie énergétique des deux mouvements du swash peut engendrer des transports sédimentaires transversaux. Le degré d'obliquité du swash par rapport à la côte peut engendrer un transport sédimentaire longitudinal.

Systémique : Analyse qui envisage les éléments d'une conformation complexe, non pas isolément mais globalement en tant que parties intégrantes d'un ensemble dont les différents composants sont dans une relation de dépendance réciproque.

Translation tidale : Cheminement effectué par la marée sur l'espace intertidal. Il s'agit en particulier de déterminer le temps (et donc la vitesse) de propagation du contact eau-sédiment et du déferlement depuis la ligne de marée basse jusqu'à la ligne de marée haute. Cette vitesse est rarement linéaire et régulière mais dépend de la morphologie (pentes) de la plage.

UBO : Université de Bretagne Occidentale, Brest.

ULCO : Université du Littoral Côte d'Opale.

Univoque : se dit d'une relation logique entre deux objets (ou deux systèmes) qui ne s'exerce que dans un sens. Dans le cadre de ce mémoire, on peut parler d'articulation morphodynamique univoque si la tendance dynamique issue de l'articulation provoque une évolution qui n'est pas réversible.

UPJV : Université de Picardie Jules Verne, Amiens.

Uprush : voir Swash.

URCA : Université de Reims Champagne Ardenne.

US 140 ESPACE : (Unité de Service 140 : Expertise et SPAtialisation des Connaissances en Environnement, IRD).

251

RÉSUMÉ

La morphodynamique est l'étude des processus (actions et rétroactions) à l'interface entre une unité morphologique et/ou sédimentaire et un agent dynamique. L'articulation morphodynamique va plus loin dans la mesure où elle fait référence aux relations réciproques entre plusieurs ensembles morphologiques ou corps sédimentaires en milieu mixte, sous l'influence d'un même groupe d'agents dynamiques. Au-delà des relations « sédiment – agent », l'articulation morphodynamique va définir les évolutions interactives et les relations d'ajustements mutuels entre les formes.

A travers plusieurs exemples pris en milieux littoraux tempérés et tropicaux (Baie de Somme, Guyane, Polynésie, Mayotte, Togo...), ce travail dresse un inventaire typologique des relations existantes au sein d'articulations morphodynamiques.

Ces différentes études de cas montrent que les relations articulées entre diverses morphologies d'un système plage sont rarement équilibrées et qu'il existe des rapports de domination d'une unité par rapport à une autre, dont l'élément discriminant est le vecteur d'influence. Ces influences peuvent s'exercer de différentes manières :
- Ré-organisations et ségrégations sédimentaires ;

- Influences horizontales et transversales liées à la disposition des unités morpho-sédimentaires les unes par rapport aux autres ;
- Influences ascendantes et descendantes dans des systèmes articulés phyto-morphodynamiques.

L'impact de l'Homme, positif ou négatif, volontaire ou non, dans ces fonctionnements articulés ne doit pas être négligé.

Dans un contexte actuel de mutations environnementales rapides à fortes portées sur des milieux littoraux fragiles, la compréhension des articulations morphodynamiques est essentielle et doit entrer dans un cadre plus global de mesures et d'interprétation des évolutions, des processus et des résiliences au sein d'observatoires, afin de fournir des outils d'aide à la gestion et à la gouvernance, en particulier pour les pays de sud.

Mots-clés : *Géomorphologie, Sédimentologie, Biogéomorphologie, Morphodynamique, Articulation, Dynamique, influence, Organisation, Processus, Mesures, Résilience, Télédétection, SIG, Baie de Somme, Guyane, Polynésie, Mayotte, Togo.*

www.ingramcontent.com/pod-product-compliance
Lightning Source LLC
Chambersburg PA
CBHW021034210326
41598CB00016B/1021